親子で楽しみながら
考える力、つくる力、伝える力を育もう！

阿部 和広 ●監修・著
倉本 大資 ●著
ミッチェル・レズニック、
デヴィッド・シーゲル ●特別寄稿
酒匂 寛 ●翻訳

小学生から
はじめる
わくわく
プログラミング 2

Scratch 3.0 版

日経BP

すべての学びは、マネからスタートする。

それはプログラムも変わらない。

この本で学ぶScratch（スクラッチ）は、

目で見てわかる絵文字ブロックのプログラム。

だからおぼえやすいし、マネするのもかんたんだ。

この本のプログラムをマネしていけば、

すぐにプログラムの仕組みもわかるはず。

さあ、プログラムをはじめよう。

コンピューターと友だちになるために。

すがやみつる
（マンガ家／『ゲームセンターあらし』『こんにちはマイコン』著者）

表現とプログラミング

表現ってなんだろう。

言葉にすると、表（おもて）に現（あらわ）す。

何を表にするかと言えば、みんなの心の中に隠れているものだ。

心の中にあるものは、目には見えない。

だから、それを現さないといけない。

わたしたちは、そのための方法を知っている。

歌ったり、踊ったり、絵を描いたり、工作したり、文章を書いたり、

楽器を演奏したり。

では、コンピューターはどうだろう。

コンピューターで、絵を描くこともできるし、文書も書ける。

音楽も演奏できるね。

どうやら、コンピューターを表現の手段と呼んでもよさそうだ。

たとえばペイントのアプリを使うと、正確な図形を描くのも一瞬だ。

色も自由に変えられる。一度描いた絵は何枚もコピーできる。

コンピューターは、わたしたちが表現する力を拡張してくれる。

でも、気をつけないといけないこともある。

それは、アプリは、そのアプリでできる以上のことはできないことだ。

たとえば、普通のペイントツールには、円を描く機能はあっても、

渦巻き模様を描く機能はない。

そんなメニューもボタンもない。

そういうとき、みんなはどうするかな。

あきらめる？

でも、どうしても描きたかったら？

アプリは、プログラムで動いている。そして、そのプログラムは一部の例外をの

ぞいて、公開されておらず、自分で自由に変えることもできない。

このことになれると、自分がやりたかったことを、
いつか忘れてしまうかもしれない。

しかし、別の方法もある。
それは、自分でプログラミングして
アプリを作ってしまうことだ。

たとえば、さっきの渦巻き模様を描く
スクラッチのプログラムはこんな感じ※。

※ 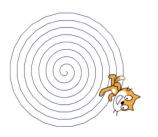 のブロックは拡張機能か
らペンのブロックを読み込みます。50ページで
詳しく扱います。

このプログラムを実行するとこうなる。

どうだろう。アプリを使うことと、アプリを作ることのちがいがわかったかな。
コンピューターの本当のパワーは、完成品のアプリによって制限されている。
そのパワーを開放するのがプログラミングだ。
そして、プログラムを実行した結果だけでなく、プログラムを書くことも表現と
呼んでかまわない。
プログラミングもみんなの心の中にあるアイデアを表に現すことだ。

この本では、プログラミングを使ったさまざまな表現を紹介していく。
みんなが、これらの表現を使って、さらに新しい表現を作り出すことを
楽しみにしている。

2019年7月8日

阿部和広

もくじ　Ｃｏｎｔ

コンピューターと友だちになるために　すがやみつる ★3

表現とプログラミング ★4

プログラミングの世界へ、ようこそ ★8

Scratch 3.0の使い方 ★10

ネコスピンを作ろう！ ★16

つくってみよう！ ★30

算数×図工
多角形と星型図形
50

総合×図工
実写とコマ撮りアニメ
32

理科×図工
ネコジャンプ
112

音楽×図工
自動演奏装置
128

Scratch is developed by the Lifelong Kindergarten Group at the MIT Media Lab. See http://scratch.mit.edu.
Scratch is a programming language and online community where you can create your own interactive stories, games, and animations
-- and share your creations with others around the world. In the process of designing and programming Scratch projects,
young people learn to think creatively, reason systematically, and work collaboratively. Scratch is a project of the Lifelong Kindergarten group
at the MIT Media Lab. It is available for free at http://scratch.mit.edu

ents

総合×図工
車窓シミュレーター
68

算数×図工
繰り返し模様
90

知っておこう！

※これらは追加の説明だよ。知っておいたほうが良いことが書いてあるけど、本文でここを読むように書いてなかったら、あとから読んでも大丈夫だよ。

- Webカメラの探し方…33
- 撮影するときの注意…35
- カメラの使用を許可する（Webブラウザーの設定）…38
- 前の背景に切り替えるには、こんなやり方もあるよ…46
- コマ撮りアニメのスタジオ…47
- アニメに関連するスタジオの例…47
- Scratch 3.0デスクトップ…49
- コードでスプライトをコピーできる「クローン」…49
- 動きを検出できる「ビデオモーション」…49
- 拡張機能「ペン」ブロックを知ろう…66
- なぜ、遠くのものはゆっくり動くの？…69
- ベクター画像の部品の上下関係…74
- ペイントエディターで日本語を入力…89
- 内容を保存できる「クラウド変数」…89
- 相対座標と絶対座標…97
- 自作のコードなどを流用できる「バックパック」…111
- 表示言語を切り替えるには…111
- 隠し機能でもっと便利に…124
- スクラッチからハードウェアを利用できる「拡張機能」…125
- micro:bitのつなぎ方…125
- micro:bitの入手方法…126
- スクラッチをmicro:bitでコントロール…127
- 自分のブロックを作るには…141
- 「Scratcher」を目指そう…141
- 自動演奏装置をmicro:bitでコントロールしてみよう…142

●はスクラッチに関するものだよ

コーディング教育への新しいアプローチ
ミッチェル・レズニック＆デヴィッド・シーゲル★144

Scratchは創造的に学ぶためのツールだ
MITメディアラボ教授ミッチェル・レズニック氏インタビュー★148

もっともっと、たのしもう！★154

プログラミングの世界へ、ようこそ！

みなさん、こんにちは。初めてのひとは、はじめまして。『小学生からはじめるわくわくプログラミング』（わくプロ）を読んでくれたひとは、おひさしぶり、元気にしていたかな。わくプロと同じように、この本でも、スクラッチを使って、みんなのアイデアを形にしていくよ。ちょっとむずかしそうかな。

スクラッチというのはコンピューターのソフトウェアの一つ。ソフトウェアを動かすことで、コンピューターはいろいろなものになるよね。たとえば、ゲームで遊んだり、ワープロや表計算のように仕事に使ったりもできる。でも、それだけじゃない。スクラッチでプログラミングすれば、自由に創造したり、自分の気持ちを表現したりできるようになる。

でも、何を創造したり、表現したりすればいいのだろう？

スクラッチはソフトウェアを作ることのできるソフトウェアだ。普通のソフトウェア、たとえばペイントツールは、決められた使い方しかできない。しかし、スクラッチを使えば、自分で新しい使い方を作り出すことができる。しかも、紙に描く絵画や粘土の作品とちがって、自由に動かしたり、ユーザーの操作に反応させたりもできる。これがプログラミングの力だ。

でも、みんなの中にアイデアがなければ何もできない。その助けになるのが、身の周りの出来事や、自然の現象だ。そこに面白いヒントがあるかもしれない。そして、思い出を振り返ったり、心の中に目を向けたりしてみよう。そこに表現したいことが見つかるかもしれない。

プログラミングって、むずかしい？

スクラッチでは、「コード※」と呼ぶプログラムを作って、「スプライト」と呼ぶキャラクターを動かすよ。スプライトを動かしながら音を出すコードを見てみよう。緑の旗（🏳）か、このコード自体をクリックして（タブレットの場合はタップして）実行すると、ドラムに合わせてスプライトが踊っているように見える。

※前のバージョン（Scratch 2.0）までは、「スクリプト（台本）」と呼ばれていたよ。

　　　コード　　　　　　　　　スプライト

このように、スクラッチでは「ブロック」という色のついた板を並べて、コードを書く。これらのブロックに書いてある文字を読めば、どのような命令がキャラクターに送られているのかわかる。このブロックはおもちゃのブロックにそっくりだね。

ここからはみんながプログラミングする番だ。でも、大丈夫。一緒にプログラミングするみんなの友だちを紹介しよう。

ほかの仲間も、あとから登場するよ。さあ、はじめよう！

Scratch 3.0の使い方

実はスクラッチには、いろいろな種類があるんだ。パソコンにインストールしなくても使えるScratch 3.0や、インストールが必要なScratch 1.4、Scratch 2.0オフラインエディター、Scratch 3.0デスクトップ（49ページを見てね）などがある。

ニャタロ〜「ぼく、Scratch 1.4を使ってたよ。2.0もちょっとだけ」

そうだったね※。もちろん、Scratch 1.4や2.0を使ったことがない人も大丈夫。今回はインストールをしなくても、すぐに始められるScratch 3.0を使おう。さっそく、その準備をしよう。まずはスクラッチを動かすパソコンでの動作環境の確認だ。

※Scratch 1.4の使い方については、ニャタロ〜が初登場する『小学生からはじめるわくわくプログラミング』（阿部和広著、弊社刊）で説明しているよ。また、Scratch 1.4のタブレット（iPad）版といえる「Pyonkee（ピョンキー）」を使ってお友だちと一緒に作品づくりを楽しめる『小学生からはじめるわいわいタブレットプログラミング』（同）もあるよ。

Webブラウザーでスクラッチを使おう

Scratch 3.0は、Webブラウザーがあればすぐに始められるWebアプリケーションだ。Webアプリケーションは、手元のパソコンからインターネット上のサーバーにつないで利用するので、インターネット接続が必要だよ。

スクラッチを使うのにオススメのWebブラウザーはパソコンの場合、Google Chrome（バージョン63以上）、Microsoft Edge（バージョン15以上）、Mozilla Firefox（バージョン57以上）、Safari（バージョン11以上）。Internet Explorerはサポートされていないんだ。

タブレットの場合、AndroidはMobile Chrome（バージョン63以上）、iOSはMobile Safari（バージョン11以上）がサポートされているよ※。

※WebGLのエラーが出るときには、Webブラウザーを変えて試してみて。原稿執筆時点のタブレットでは、 スペース ▼ キーが押されたとき ブロックや右クリックメニューは使用できないよ。iPadならSafariがオススメだ。

ニャタロ〜「たくさんあって、大変そうだね」

サポートされているWebブラウザーを普通に使っていれば、バージョンも自動で更新されるので大丈夫だよ。わからなかったら、保護者の人に聞いてみよう。

この本では、Windows 10のChromeを使って説明するよ。ほかのWebブラウザーでもウィンドウの見た目がちがうだけで、Scratch 3.0の部分は一緒だから大丈夫だよ。

Scratchのアカウントを作ろう

Chrome（やほかのWebブラウザー）を起動してから、アドレス欄に次のアドレスを入力して、Webページを開こう。ここがスクラッチの公式サイトだよ。

https://scratch.mit.edu/

そう、スクラッチのユーザー登録をすでにしている人は、見たことがあるかもしれない。ユーザー登録が済んでいる人は、次に説明するユーザー登録の方法はとばして、14ページの「スクラッチのサインイン」のステップに進もう。

はじめてのユーザー登録（サインアップ）

Scratch 3.0では、作った作品を保存するのに、アカウントが必要だ。だからプログラミングを始める前にユーザー登録をして、アカウントを作成することをオススメするよ。

ユーザー登録がまだの人は、説明どおりに登録しよう。ユーザー登録することをサインアップというんだ。さきほど開いた、スクラッチの公式サイトはそのままになっているかな。

ニャタロ〜「う〜ん、前にもやったことがある気がする。
　　　　　でも、完全に忘れたよ……。また見てみようっと。
　　　　　やり方をおぼえて、にゃ〜こに教えようかな」

知らないサイトにユーザー登録するのは危険だけど、スクラッチの公式サイトは安全だよ。登録するときに電子メールを使うから、必ず保護者の人と一緒にやろうね※。

では、公式サイトの右上にある「Scratchに参加しよう」をクリックしよう。

※保護者の方へ。スクラッチにはSNS（ソーシャルネットワーキングサービス）の機能もあります。以下のコミュニティーガイドラインをお子様とお読みいただき、参加するかどうかをご判断ください。
https://scratch.mit.edu/community_guidelines

12

すると、こんなユーザー登録のダイアログが開く。

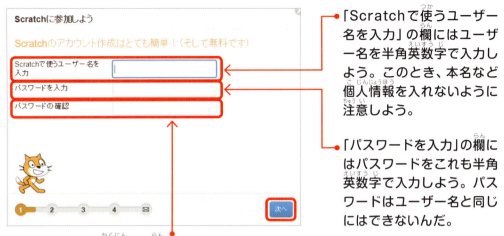

「Scratchで使うユーザー名を入力」の欄にはユーザー名を半角英数字で入力しよう。このとき、本名など個人情報を入れないように注意しよう。

「パスワードを入力」の欄にはパスワードをこれも半角英数字で入力しよう。パスワードはユーザー名と同じにはできないんだ。

「パスワードの確認」の欄には上と同じパスワードをもう一度入力する。このパスワードを忘れないようにしよう。

できたら、「次へ」ボタンをクリックして、さきへ進もう。

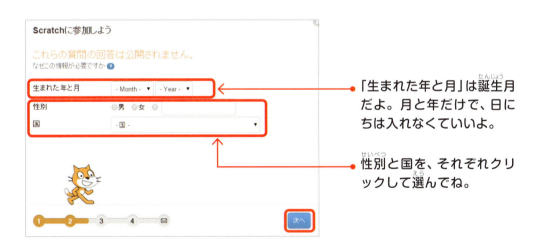

「生まれた年と月」は誕生月だよ。月と年だけで、日にちは入れなくていいよ。

性別と国を、それぞれクリックして選んでね。

「次へ」をクリックしたら、保護者の人の電子メールアドレスを入れるよ。保護者の人と一緒に、確実に届くアドレスをまちがえないように入力しよう。登録ができたら、そのアドレスに確認のアドレスがのったメールが届くので、保護者の人にクリックしてもらおう。

できたら、「次へ」ボタンをクリックして、さきへ進もう。

13

これでユーザー登録は完了だ。「さあ、はじめよう！」のボタンをクリックしよう。

　すると、自動的にサインインして、トップ画面が開く。右上にユーザー名が表示されていたら、サインインができているよ。入力したメールアドレスにも確認のメールが届いているはずなので、保護者の人に認証してもらおう。これを行わないと、あとで紹介する「共有」などの機能が使えないんだ。

ユーザー名が表示される。

スクラッチのサインイン

　もしサインインしていなかったら、右上の「サインイン」をクリックしてから、ユーザー名とパスワードを入力して、サインインしよう。

ニャタロ〜「サインインはできたけど、どうやってコードを作るんだっけ？」

　Scratch 3.0では、いま開いているこのページがスクラッチの画面だよ。画面の上のメニューから、「作る」をクリックして、作品を作るための画面を開こう。

Scratch 3.0の画面を知ろう

　これがScratch 3.0の編集画面だ。Scratch 2.0やScratch 1.4とのちがいがわかるかな。

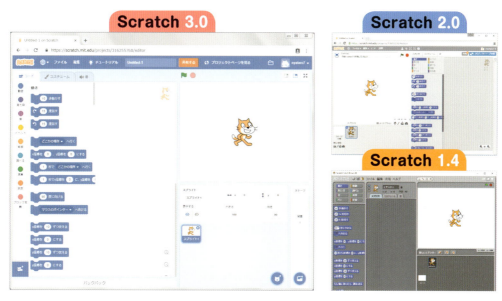

ニャタロ〜「雰囲気は2.0みたいにすっきりしているけど、次のページで説明するブロックパレットやステージの位置は1.4のときに戻ったみたい。あと、ペンのカテゴリーがなかったり、だいぶ変わっちゃったかも。うまく使いこなせるかな」

　そうだね、細かい変更がたくさんあるけど基本は変わらないし、はじめから説明するので大丈夫。実際に作品を作りながら確認していこう。

ネコスピンを作ろう！

　ここからは、スクラッチでネコを回転させる簡単なコードを作って、使い方をマスターしていこう。

　いま開いているのが、コードの作成画面（エディター）だ。エディターには、最初にネコのキャラクターが表示されている。このようなキャラクターのことを、スクラッチではスプライトと呼ぶんだね。

　スプライトが表示されている白い長方形は、「ステージ」と呼ぶんだ。学校の講堂や体育館にもステージってあるよね。ステージは舞台のこと。それと同じだ。

スプライトはステージにいる役者さんなんだね

ステージの下には、スプライトが並ぶスプライトリスト、コードエリアをはさんで左側には命令のブロックが並ぶブロックパレットと、さらに左にはブロックを分類しているカテゴリーがある。

ニャタロ～「スプライトリストには、まだネコが1匹だけだね」

ブロックを使ってスプライトに命令する

　スクラッチではブロックを使ってスプライトに命令するんだ。さっそく、やってみよう。 🔄 15 度回す と書いてあるブロックが見つかるかな？ブロックはとてもたくさんあるので、色別の「カテゴリー」に分類されているよ。

ニャタロ～「『回す』は動きに関係する言葉だから ⬤ 動き のカテゴリーだよね」

　さすが、ニャタロ～。もし、青色の ⬤ 動き が選ばれていなかったら、このアイコンをクリックして切り替えよう。

　ブロックパレットの中に 🔄 15 度回す が見つからない場合は、スプライトじゃなくてステージを選択しているのかもしれない。そのときはスプライトリストで、ネコのスプライトをクリックして切り替えよう。

ニャタロ～「『カテゴリー』を切り替えたり、スプライトリストでステージを選ぶと、ブロックパレットに表示されるブロックの種類が変わるんだね」

　そうだね。これらのブロックは、クリックすると実行される。つまりスプライトに命令が送られるんだ。試しに 🔄 15 度回す の「15」以外の場所をクリックしてみよう。

　ブロックをクリックするときは、ステージの上のネコの動きに注目してね。命令が送られた瞬間に、ネコが15度右に回るはずだ。ネコが一回転するように、何回もクリックしてみよう。

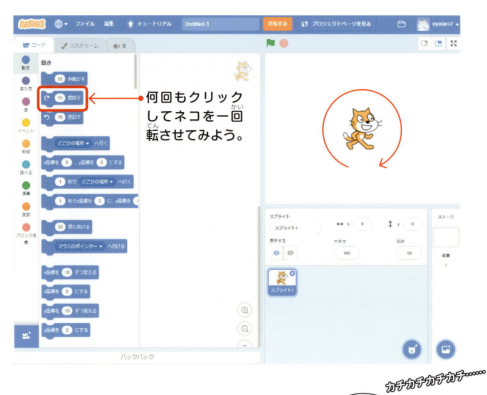

ブロックを組み合わせてコードを作る

　スプライトを一回転させるために ![15度回す] を24回クリックをしたんじゃないかな。ちょっと大変だよね。こういうとき、命令を繰り返し実行するのは、コンピューターの得意技なんだ。

　![15度回す] のブロックを、ブロックパレットの右側の灰色の部分、コードエリアにドラッグして持っていこう。コードエリアはブロックを組み立ててコードにするための作業場所だよ。

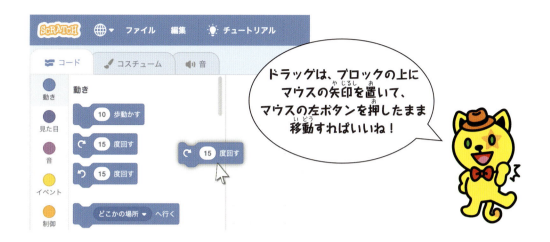

　うまくブロックを移動できたら、この命令を繰り返すために のブロックを使おう。これは カテゴリーで見つかるはずだ。このブロックを の近くまでドラッグするとどうなるかな。

ニャタロ〜「近づけると、口が開いたみたいな影が見えるね」

ニャタロ〜「影が見えたところで、このままマウスのボタンを離すと……
　　　　　合体した！」

そう。スクラッチのブロックは、とても簡単にくっつくよ。くっつくときに影が出るから、この影が表示されたらマウスのボタンを離そう。

ここまでできたら、合体したブロックのかたまり、つまりコードをクリックしてみよう。今度は、ネコがぐるぐると回り続けるはずだ。コードに書いてある言葉どおり、「ずっと、15度回す」だからだね。

ニャタロ〜「ぐるぐるが止まらないよ〜」

コードを動かしたり、止めたりする

コードは基本的に、一番上から始まって、一番下まで実行されてから止まるんだ。

［ずっと］のブロックを使ったときは、その中の一番上のブロックから順番に実行されて、最後のブロックまで来たら、一番上のブロックまで戻る。だから、このコードには終わりがないんだね。

ずっと回っていると、いくらネコでも目が回るから、動くのを止めてあげよう。

ステージの右上に 🚩 と ● のボタンがあるのがわかるかな。この ● （動いているときは ⬢ になるよ）がすべてのコードを停止させるボタンだ。

ニャタロ〜「● をクリックしたら、ネコのぐるぐるが止まった。
ということは、スタートは……、🚩 かな。
でも、クリックしても動かないよ」

そう、スタートの合図は 🚩 なんだけど、スタートさせたいコードの先頭に［🚩が押されたとき］をつけないと、そのコードが始まらないよ。この［🚩が押されたとき］はカテゴリーの一番上にあるよね。

ニャタロ〜「これをさっきのコードにはめてみよう！」

ブロックにはいろいろな形があって、ブロックの形を見れば、はまるかどうかがわかる。 が押されたとき の上には、ポッチがないからブロックははめられないけど、このブロック下のポッチと、 ずっと の上のへこみがつながりそうだよね。

うまくはめられたら、もう一度、 をクリックしてみよう。今度はネコが回り始めたはずだ。この と は、プログラムの実行と停止によく使うからおぼえておこう。

動き以外も変えてみよう

ぐるぐる回るだけでもいいけど、ネコの見た目が変わると、もっと楽しいかな。 というカテゴリーをクリックして、そこにあるブロックを見てみよう。

ニャタロ～「 大きさを 10 ずつ変える というブロックがあるよ。面白そう」

そのブロックを使うと、スプライトの大きさを変えることができるよ。 大きさを 10 ずつ変える をクリックするとどうなるか見てみよう。

ニャタロ～「クリックするたびにネコが大きくなる！」

じゃあ、そのブロックを ずっと の中に入れるとどうなるかな。 15 度回す の上でも下でもはまるけど、今回は下に入れてみよう。

ブロックの外し方

ニャタロ〜「あ、手がすべって、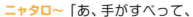の間にはめちゃった。これ分解できないのかな」

もちろん、大丈夫。ブロックは簡単にはめられるし、外すこともできるんだ。そのときに注意するポイントは、コードの真ん中のブロックだけを外せないこと。ブロックを動かしたり、外したりするときは、マウスでドラッグするブロックより下にあるブロックも一緒に動くんだ。

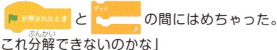をドラッグしてみよう。そこより下の部分だけが外れるのがわかるかな。その次に、をドラッグすると、コードを3つに分解できるね。

これらのブロックを組み直して、正しい形にしてみよう。外した 大きさを 10 ずつ変える を 15 度回す の下にはめて、 が押されたとき の下に ずっと をはめれば完成だ。

コードができたら、 を押して実行してみよう。

ニャタロ〜「うわわ、ステージいっぱいまで大きくなったよ。元に戻せないの？」

大きくなったり、小さくなったり

大きさもコードで自由に変えられるよ。
というブロックを探してみよう。100の数字の部分を変えることで、大きさを調整するんだね。ブロックが見つかったら、「100」をクリックしてから、キーボードで「1」と入力しよう。数字は半角文字で入れることに注意してね。

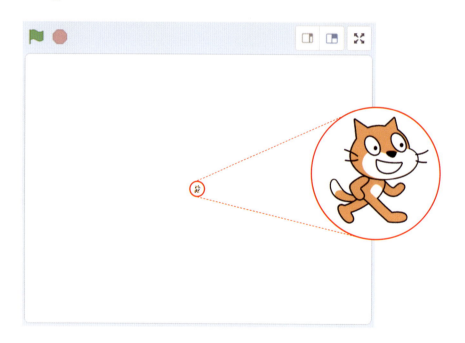

ニャタロ〜「クリックしたらネコが小さくなった。
でも、コードが動いたままだと、すぐにまた大きくなるね。
画面の奥から飛び出してくるみたいで面白いね！」

端についたら、小さくなる

　ここまでできたら、とりあえず、🛑 を押してコードを止めておこう。このままだと、毎回 `大きさを 1 %にする` をクリックしないと小さくならないから、ネコがステージいっぱいまで大きくなったら、自動的に小さくなるようにしてみよう。

ニャタロ〜「ネコが自分で、ステージからはみ出したかどうかわかるってこと？」

　そう。ブロックパレットの 🔵(調べる) には、スプライトがなにかに触れたかどうか調べる `マウスのポインター▼ に触れた` があるんだ。このブロックの ▼ のあたりをクリックして、「端」を選ぶと `端▼ に触れた` になる。
　では、このブロックをどのように使ったらいいかな。「もし、端に触れたなら」、スプライトを小さくすればいいんだね。

ニャタロ〜「`もし なら` というブロックなら知っているよ。🟠(制御) にあるブロックだね」

　さすがはニャタロ〜。🟠(制御) カテゴリーを見てみると、六角形の穴があるブロックがいくつか見つかる。今回は、端に触れたときに、ネコの大きさを1％にしたいから `もし なら` を使おう。似たのがたくさんあるから気をつけて、コードエリアの灰色のなにもないところにドラッグだ。
　これができたら、`端▼ に触れた` をドラッグして、六角形の穴にはめよう。

ニャタロ〜「よし、『もし端に触れたなら』というブロックができた。触れたときに実行したいブロックは、開いているところに入れればいいのかな」

25

そのとおり。 大きさを 1 %にする を中に入れてみよう。

ニャタロ～ 「もし端に触れたなら、大きさを1％にする。
　　　　　ちゃんと文として読めるね」

できたら、ブロックがばらばらにならないように、「もし」のあたりをドラッグして、ずっと の中にある 大きさを 10 ずつ変える の下にはめよう。

ネコが回りながら大きくなって、ステージの端に触れたら小さくなることを繰り返す

🚩をクリックすると、ネコが回りながら大きくなって、ステージの端に触れたら小さくなることを繰り返すはずだ。

作品を保存する

これでScratch 3.0プログラミングの基本をほとんど説明したかな。

ニャタロ〜「え〜、まだ説明が足りないよ！作品はどうやって保存するの？
　　　　　　保存しないと、せっかく作ったものが消えちゃう」

　実は、Scratch 3.0には、自動保存の機能があるんだ。画面の右上に「プロジェクトが保存されました。」とうすい灰色で表示されていたら、もう保存できている。もし、ここが「直ちに保存」になっていたら、その文字をクリックして手動で保存することもできる。

ニャタロ〜「超便利だね。
　　　　　　前に作品を保存し忘れて、泣いたことがあるよ」

　ただし、気をつけないといけないのは、自動保存が使えるのは、アカウントを作ってサインインしているときだけなこと。インターネットにつながっていないときも保存できないから注意してね。ファイルに保存する場合は、メニューバーの「ファイル」から「コンピューターに保存する」を選ぶよ。
　そうそう、作品の名前のつけ方を伝え忘れるところだった。コードエリアの上に「Untitled（- 数字）」と書いてあるところをクリックして、キーボードから名前を入力できるよ。日本語でも大丈夫。

名前を入力

ニャタロ〜「名前は『ネコスピン』にしようっと。入力完了っと。
　　　　　　ところで、インターネットのどこに保存されるの？」

　保存された作品は、スクラッチの公式サイトにあるよ※。

ニャタロ〜「え？ じゃあ、保存するだけで誰からでも見られちゃうの？」

　大丈夫。自分が共有するまでは、ほかの人には見えないんだ。みんなに見てもらいたいときは、プロジェクト名の右にある「共有」をクリックしよう。

※アカウント名の左にある 🗁 をクリックすると、自分が作った作品の一覧を見られるよ。

　自動的にプロジェクトページに切り替わるから、作品の説明をキーボードで入力しよう。「使い方」には、操作の方法を書こう。わかりやすく書けば、より多くの人に遊んでもらえるかもね。「メモとクレジット」には、参考にした資料や、使った素材、参考にした作品の場所とその作者などを書こう。きちんと感謝する人は、ほかの人からも尊敬されるよ。

ニャタロ〜 「作文は苦手だけど、がんばって書くよ」

　ほかにもスクラッチのサイトにはたくさんの機能がある。すべての説明はここではしないけど、いろいろなところを探して試してみよう。

ニャタロ〜 「『アイデア』のリンクではスクラッチで作るさまざまな入門用プロジェクトが紹介されているよね」

　そうなんだ。Scratchにはすごい作品もたくさんあるけど、もう少しシンプルで、始めたばかりの人にもわかりやすい作品がまとめられているんだ。動画の説明もあってとてもわかりやすいので、この本以外のプロジェクトに取り組んでみたいときは、まず「アイデア」のリンクから試すのもいいね。

　これで、ニャタロ〜もScratch 3.0の基本をマスターしたはずだ。次の章からは、アニメーションやデザインなど、これを応用した作品作りを始めよう。

ニャタロ〜 「わくわくがよみがえってきたよ！」

つくってみよう!

総合×図工
実写コマ撮りアニメ

パソコンのWebカメラを作品の素材作りに利用する。自分の宝物を主人公にした動画作りにチャレンジしよう。撮影をしたら、再生する仕組みもプログラミングする。

32ページ

算数×図工
多角形と星型図形

定規やコンパスで書いたような図形を作図する。コンピューターならではの、正確で複雑な図形描画を楽しもう。ペンの機能を使う。

50ページ

総合×図工
車窓シミュレーター

乗り物の窓から見える景色を再現する。遠近感について動きのちがいを発見しよう。変数と演算の機能を使う。スプライトもたくさん使う。

68ページ

みんなは、図画工作が好きかな？ このパートでは、学校の教科と図工を組み合わせた、ものづくりを楽しめるような作品を作っていこう。

図工はあまり好きじゃないって？ブロックや積み木で遊んだり、外で泥遊びや、自分たちで鬼ごっこのルールを付け足すのが楽しいなら大丈夫。

この中のどれでも好きなものから始めてほしい。ただし、「Scratch 3.0の使い方」と「ネコスピンを作ろう！」は最初にやっておくこと。

どれでもと言われると、かえって迷うかな。そんな人のために、ちょっと解説しよう。決まったら、ページをめくって、さっそく始めよう！

算数×図工

繰り返し模様

繰り返しの命令を組み合わせて使う。
ルールを考えて、オリジナルの模様を作ろう。
スタンプの機能を使う。
変数をたくさん使う。

90ページ

理科×図工

ネコジャンプ

ジャンプするキャラクターの動きを再現する。
ものが落ちるときの様子をよく観察して、似た動きをするスクリプトを考えよう。
変数の機能を使う。

112ページ

音楽×図工

自動演奏装置

リズムを自動で奏でる仕組みを考える。
音のブロックを使う。
使いこなして、いろいろなリズムを編み出そう。

128ページ

実写コマ撮りアニメ

総合×図工

コマ撮りアニメの仕組み

　コマ撮りアニメは、「ストップモーション・アニメーション（アニメ）」とも呼ばれていて、動画を作る方法の一つなんだ。多くのコマ（静止画像）を連続して撮影し再生することで、実際は止まっているものを、動いているように表現するんだね※。

※アニメーションの原理に興味のある人はこの解説動画を見てみよう。「アニメーションの原理と成立過程」（京都造形大通信アニメーションコース）
https://www.youtube.com/playlist?list=PLF196F736E687C9B5

ニャタロ〜 「あ、ノートの端に書いたパラパラマンガと同じでしょ？」

アートン 「その通り！今回は、写真とプログラムを使ってコマ撮りアニメを作ってみよう」

ニャタロ〜 「写真？じゃあ、パパのデジカメを借りてこなきゃ」

アートン 「待って！デジカメでもできるけど、
今回はパソコン用のWebカメラを使うよ」

パソコン用のWebカメラ

　スクラッチでは、パソコン用のWebカメラを使うことができるんだ。ここでは、だれでも簡単に始められるように、ノートパソコンに内蔵されたWebカメラを使う方法を紹介するよ。

　ノートパソコンのディスプレイの上の部分を見てみよう。最近の機種であれば、ほとんどの場合、Webカメラがついているはずだよ（次ページ参照）。

Webカメラの探し方

　パソコンの種類によって、カメラの位置が異なることがある。ノートパソコン以外の場合を説明しよう。

★デスクトップパソコン：一体型のパソコンではディスプレイの上の部分にあることが多いよ。本体とディスプレイが分かれているパソコンの場合は、ついていないことが多いかな。

★タブレット：ディスプレイの周りを探そう。本体の背面にあることもあるよ。

　内蔵のWebカメラがない場合は、外付けのWebカメラを使おう。USB接続のUVC※対応なら、そのデバイス向けのドライバーソフトウェアを入れなくてもすぐに使えるのでオススメだ。スクラッチで使う場合は、画素数があまり多くなくていいので、安いWebカメラでもOKだよ。

※UVC (USB Video Class) はWebカメラなどの映像機器をUSBでつなぐための標準規格の一つだよ。

実写コマ撮りアニメ

ニャタロ〜 「Webカメラ？持っていないかも」

アートン 「ニャタロ〜のパソコンを確認してみよう」

ニャタロ〜 「ぼくのはノートパソコンだから……。あっ、ディスプレイの上に黒い丸がある」

アートン 「そう、それがWebカメラだよ。

Webカメラ

インターネットのテレビ電話などで使うから、画面を見ながら使えるようになっているんだね」

ニャタロ〜 「よし、さっそく撮るぞー。あれ、どうしたら撮影できるの？」

撮影の準備

まぁまぁ落ち着いて。撮影を始める前に、コマ撮りアニメに登場して動かすものと、撮影するためのスペースが必要だね。

動かすものは、石ころや木の実、鉛筆、消しゴム、おもちゃなど、なんでもOKだよ。粘土や針金、関節が曲がるアクションフィギュア（人形）みたいに形が変えられたりすると、より楽しめるね。

床や机の上で撮影する場合、Webカメラで撮影される範囲はだいたいこの本を広げたくらいの面積だよ。それに加えてパソコンを置く場所も必要だね。机の上をかたづけて、撮影する範囲とパソコンのスペースを用意しよう。

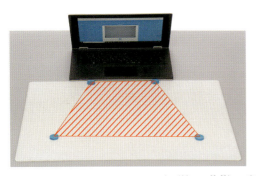 

斜線の部分が撮影できる範囲

撮影するときの注意

スクラッチで作った作品はインターネット上で公開できるので、次のことに注意しよう。

★**家族や学校で決めたルールは守る**
約束や、ルールはしっかり守って楽しもう。たとえば、インターネットに顔写真を出しちゃダメ、お家の中の写真を撮っちゃダメなどだね。

★**個人情報に注意する**
学校名やクラスがわかるものが写ってないかな？住所や名前がわかるものは？たとえば、ハガキや手紙、学校の名札、名前を書いた文房具などに気をつけよう。

★**人が嫌いなものにも気をつける**
だれでも楽しめるような作品を作ろう。自分が大好きでもみんながどう思うかを考えよう。たとえば、残酷なもの、下品なものなどだね。

★**著作権・肖像権に気をつける**
スクラッチで作った作品は、共有するとだれでも素材として使えるようになる。自分が作品に使用して公開する権利のないものは使わないこと。たとえば、テレビアニメのキャラクターグッズ、芸能人の写真などだ。

そして、スクラッチのコミュニティーには、「敬意をしめそう。建設的になろう。共有すること。個人情報を公開しないこと。誠実であること。サイトを心地よい場所にすること」といったコミュニティーガイドラインがあるんだ。このガイドラインにそった作品作りを心がけよう。全文は次のリンクから見ることができるよ。

https://scratch.mit.edu/community_guidelines/

ニャタロ～　「ちょっと待ってて、机の上をかたづけるよ」

・・・数分後・・・

ニャタロ～　「机の上がきれいになったよ！
　　　　　　動かすものは海で拾った貝がらにする」

アートン　「よし、さっそく撮影のためのプロジェクトを作ろう。
　　　　　まずはスクラッチのWebサイトにアクセスして、
　　　　　『作る』で新しいプロジェクトを開こう」

実写コマ撮りアニメ

Webカメラの準備

ニャタロ〜　「新しいプロジェクトを開いたよ。
　　　　　　　コマ撮りアニメもこのネコが動くの？」

　コマ撮りアニメでは、ステージの背景を使って写真を撮るんだ。スプライトのコスチュームでもできるんだけど、画像の表示サイズは少し小さくなる。ステージを使えば、ステージいっぱいにコマ撮りアニメが表示されるんだ。今回、ネコのスプライトは使わないので消しておこう。

ニャタロ〜　「そうなのか。じゃ、ネコを消すよ。ステージの下のスプライトパレットから『スプライト1』を選んで、右上の ✕ をクリックして削除だね」

アートン　「おっ、使いこなしてるね。
　　　　　　スプライトリストでネコを右クリックしてメニューから削除も選べるね」

ニャタロ〜　「それより、どうやってカメラのシャッターを押すの？
　　　　　　　早く教えて」

そんなに急がないで。まず、ステージを選択しよう。ステージの下の右のほうにステージのアイコンがあるね。それをクリックしてね。

ニャタロ〜 「ん〜、この白い四角かな？」

アートン 「そう、まだステージには何もないから、真っ白だね。枠全体が青く囲まれてたらOKだ」

画面左上のメニューの下のタブも「コード」「背景」「音」に変わったね。

実写コマ撮りアニメ

総合×図工

メニューの下にある「背景」のタブをクリックして、左下にある青い丸いボタン（右下のステージのところにあるものとはちがうよ！）にマウスカーソルを合わせる※とメニューが飛び出して、一番先っちょにカメラのアイコンがあるよ。

※タブレットの場合は一回タップするとメニューが開くよ。カメラがない場合は、カメラのアイコンは表示されないよ。

ニャタロ〜「開いたよ！カメラのアイコンがあった！アイコンをクリック。わっ！なんか出た」

カメラの使用を許可する（Webブラウザーの設定）

　Scratch 3.0ではWebブラウザーからパソコンのカメラやマイクにアクセスする。そのサイトで初めてカメラやマイク機能を使うとき、「scratch.mit.eduが次の許可を求めています。カメラを使用する」というアラートが出るよ。通常は最初の1回だけしか出ないので、あわてずに 許可 を押そう。

　まちがって ブロック を押してしまった場合は、そのページのURL欄の右端に 🎦 のマークが出ているので、クリックしてみよう。再設定の画面が出るのでそれにしたがって許可をすれば大丈夫だ。

　設定を変えたら、ページをリロードしないといけないので画面の右上に「プロジェクトが保存されました。」と出ているかを確認して、Webブラウザーのリロードボタンを押そう。保存されていない場合は「直ちに保存」と出ているのでその文字をクリックすれば保存されるよ。

※Chromeの場合、URLごとにカメラやマイクの使用許可を管理している。設定メニューの詳細設定からコンテンツの設定へ進むとカメラの設定の項目があるよ。
※作品の保存について、詳しくは27ページを見よう。

アートン　「きちんと説明するから落ち着いて。カメラのアイコンをクリックするとカメラが起動するんだけど、最初の一回だけ『…が次の許可を求めています。カメラを使用する』というアラートが出るよ。この中の 許可 をクリックしよう※」

※詳しくは前のページの「カメラの使用を許可する（Webブラウザーの設定）」を読んでね。

ニャタロ〜　「押したよ。わっ！今度は自分の顔が映った」

アートン　「きちんとカメラが動いたようだね。パソコンの機種によっては、動作中のLEDがつくから確認してね」

ニャタロ〜　「ほんとだ、カメラの横の小さいLEDが光っているよ」

LEDが光る

アートン　「じゃあ、試しに一枚撮ってみよう。カメラのウィンドウの 写真を撮る のボタンをクリックして、プレビューを確認したら右下の 保存 を押そう」

ニャタロ〜　「わっ！ステージにぼくが出た！イエーイ！」

39

実写コマ撮りアニメ

撮影スタジオの調整

アートン　「よし、撮影の練習は終わり。
　　　　　　でも、コマ撮りアニメの主役はニャタロ〜じゃないよね」

ニャタロ〜「そうだった。貝がらを机の上に置いたけど、どうやって撮るのかな」

アートン　「カメラのアイコンをクリックして、画面に映っているカメラウィン
　　　　　　ドウを見ながらカメラの角度を調整してみて。
　　　　　　机の上に置いた貝がらが映るように傾けたり方向を変えてみよう」

ニャタロ〜「方向は変えたけど、角度がむずかしいな。ノートパソコンのディス
　　　　　　プレイを少し閉じ気味にしたらいいのかな」

アートン　「そうだね、机の上のものを撮るには、カメラを少し下に向ければいいね」

ニャタロ～　「いい感じで貝がらが映ったよ」

アートン　「画面が見えにくいけど、のぞき込みながらカメラウィンドウの保存ボタンを押せるかな？」

ニャタロ～　「う～ん、操作がむずかしいな。マウスで横のほうから操作しないと自分の手が写っちゃうみたい。でも、できた。ステージに写真が表示されたよ。うまく撮れたかパソコンを開いて見てみようかな」

アートン　「ちょっと待って。開くとカメラの位置が変わっちゃうから、少しがまんして。このまま動かしてみよう」

ニャタロ～　「でも、どうやるの？貝がらは勝手に動かないよ」

アートン　「貝がらを手でちょっとずらしてみて」

ニャタロ～　「OK。少し右に動かしたよ」

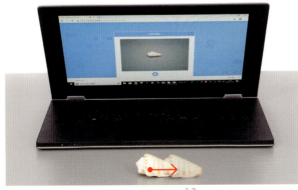

半分くらい、右に動かす

実写コマ撮りアニメ

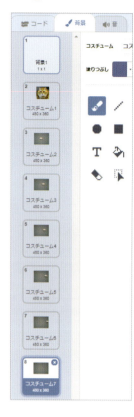

アートン　「そうしたら、カメラのアイコンを押して、もう一度撮ってみて」

ニャタロ～　「できた。そうか、これを繰り返したらいいんだね」

アートン　「そう、簡単でしょ。貝がらを動かして、撮ってを、繰り返して、カメラに写らないところまでやってみて」

ニャタロ～　「たぶん、5回か6回でカメラが写せる範囲からはみ出すよ。やってみるね……。できた！」

アートン　「じゃあ、撮った写真を見てみよう。もうパソコンを開いていいよ」

ニャタロ～　「あれ、ステージに表示されているのは最後に撮った写真だ。動かないよ～」

アートン　「それはそうだよ。これからプログラミングして写真が動くようにするんだ」

アニメーション再生のコード

ニャタロ～　「そうか、写真はただの素材なんだ。がんばるぞ！」

アートン　「背景の一覧に、撮った写真が並んでいるよね。それをプログラムで順番に切り替えれば動いているように見えるよ。それには、見た目にある 次の背景にする を使うよ。コードエリアにドラッグしよう」

ニャタロ～　「簡単だね。できたよ」

アートン　「では、そのブロックをクリックして実行してみよう。ステージを見ながら何回かクリックしてみて」

ニャタロ〜　「クリックするたびに、ステージの背景が変わるね。1回クリックしたら白くなって、2回目は自分の顔になった。3回、4回、5回とクリックしたら、貝がらが動いて見えるよ！すごい！」

アートン　「そうだね、これを繰り返すようにすればいいかな。その前に、最初に撮った顔写真や、いらない背景を削除しよう。 のタブを開いて」

ニャタロ〜　「開いた。1枚目の白い背景と、2枚目のぼくの顔はいらないね」

アートン　「そうだね、1枚目の背景をマウスでクリックすると右上に ✖ のマークが出るよ。それをクリックすれば削除できるね※」

※まちがえて削除した場合は、「編集」メニューの「削除の取り消し（コスチューム）」で戻せるよ。

ニャタロ〜　「1枚目を削除、2枚目も削除っと。できた！」

アートン　「あとは、自動で再生できるように、ずっと繰り返すブロック を使ってみよう。スペースキーが押されたら実行されるようにするといいかな」

ニャタロ〜　「できた。スペースキーを押してみよう。わぁ、動きが速すぎてよく見えないよ」

43

実写コマ撮りアニメ

アートン　「そうだね。少し遅くしよう。どのブロックを使えばいいかな？」

ニャタロ〜　「 1 秒待つ でしょ。でも、それだとたぶん遅すぎるから、 0.1 秒待つ くらいかな」

アートン　「0.1秒待つと、1秒間に10回画面が切り替わるね。実は、ニャタロ〜の大好きなテレビは1秒間に30コマか60コマくらい※、映画は24コマ切り替わっているんだ。コマ数を増やすと動きはなめらかになるけど、撮るのが大変だから、1秒間に10コマぐらいがちょうどいいかな。どの数字がよいかは実際に動かして数字を調整しよう」

ニャタロ〜　「よーし、もっと撮って大長編アニメにするぞ〜」

※正確には、1秒間に29.97回（NTSC）と59.94回（デジタルハイビジョン）。ほかの規格もあるよ。

撮影したコマ撮りアニメで遊ぼう

アートン　「どうだい、大作はできたかな」

ニャタロ〜　「うん、50枚くらい撮って、再生しているよ。タイトルは『貝がらの運動会』。画面の中を貝がらが走り回るんだ。でも、途中でまちがえたコマがあって、動きが変になっちゃった」

アートン　「それなら、そのコマを探して削除したらいいんじゃないかな」

ニャタロ〜　「え〜、画像が似ているし、50枚から探すのは無理」

アートン　「じゃあ、コードを少し書き換えて、手動で進んだり戻ったりできるようにしてみたら？せっかくのプログラミングなんだから自分で便利なように作り変えればいいんだよ」

ニャタロ〜　「それなら、右向き矢印で進んで、左向き矢印で戻るようにしたいな。あと、いまのままだと止めるのが赤いボタンだけだから、sキーで停止もしたいよ。どうしたらいいかな？」

アートン　「ニャタロ〜は欲張りだなぁ。どれもキーボードで操作するから、
　　　　　[スペース▼キーが押されたとき]と組み合わせて、キーを変えればできそうだね。
　　　　　まずは停止から作ってみる？」

ニャタロ〜「停止は簡単だよ。赤いボタンと同じことができる[すべてを止める▼]
　　　　　でしょ。[スペース▼キーが押されたとき]の▼のあたりをクリックして、
　　　　　プルダウンメニューから[s▼キーが押されたとき]に変更するね。
　　　　　その下に[すべてを止める]をつないだらこれでOKかな」

[s▼キーが押されたとき]
[すべてを止める▼]

アートン　「よし、sキーが押されたら止まるようになったね。
　　　　　次は、[右向き矢印▼キーが押されたとき]でコマが進むようにしよう」

ニャタロ〜「再生のコードで使った、[次の背景にする]はどうかな。
　　　　　これを[右向き矢印▼キーが押されたとき]につないでみよう」

アートン　「そうだね、これで押したときだけ進むようになったね。
　　　　　では、前のコマに戻すにはどうする？」

ニャタロ〜「前の背景にするってブロックがあるといいなと思ったんだけど、な
　　　　　いから作れないよ。戻すは無理なのかな」

アートン　「よく探してごらん。ステージの背景を変えるブロックは、ほかに何
　　　　　がある？」

ニャタロ〜「[背景を コスチューム53▼ にする][背景を コスチューム53▼ にして待つ][次の背景にする]※の3つかな。
　　　　　前の背景にするのはやっぱりないよ」

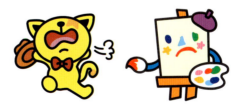

※「背景を〜にする」の「コスチューム53」には、最後に撮
った写真の番号が表示されるんだ。撮影した枚数によっ
て変わるよ。

45

実写コマ撮りアニメ

アートン　「本当にそうかな。  をよく見てみよう。切り替える写真は▼のメニューで選べるね」

ニャタロ〜　「うん。このメニューにぼくが撮った写真が全部入ってる。 にしてクリックしたらそのコマに変わったよ。でも、これじゃあ前の背景に切り替えられないよ」

アートン　「そのメニューを、ずっと下の方にスクロールすると  が見つからないかな」

ニャタロ〜　「あー、こんなところに隠れてた。これは見つからないよ〜。これを　左向き矢印　キーが押されたとき　につないで完成だ。自動再生、停止、進む、戻るの機能ができたよ」

前の背景に切り替えるには、こんなやり方もあるよ

ニャタロ〜が「あるといいな」と言っていたブロックを自分で作ることもできるよ。　背景の番号　のブロックを使うと現在の背景の番号がわかる。ということは　背景の番号　-　1　すると一つ前の背景の番号になるね。この数字を　背景を　コスチューム7　にする　にはめ込むと、前の背景にするのと同じ意味になる。背景の番号は、背景の一覧の左上に書いてある数字だよ。

アートン　「これで、問題のあるコマを探しやすくなったね」

ニャタロ～　「さっそく動きが変なコマを見つけたよ。背景タブで開いて削除した！次は、これをこうして。あ、ここも変えたい！」

アートン　「熱中しちゃってるね、やれやれ。みんながスクラッチで作ったコマ撮りアニメを見られるページがあるから、ニャタロ～が作ったアニメ※もこのページに投稿してみてね」

ニャタロ～　「よーし、世界中の人に、ぼくが作った宝物のアニメを見せよう」

※詳しくは下のコラムを見てみよう。

コマ撮りアニメのスタジオ

　コマ撮りアニメのように、同じジャンルのスクラッチの作品をまとめたページを「スタジオ」というよ。コマ撮りアニメは英語で"Stop Motion Animation"というから、スクラッチのサイトで"Stop motion"などと検索してみると、コマ撮りアニメのスタジオが見つかるはずだ。スタジオによっては、自分で作品を追加できたり、スタジオのキューレーター（管理する人）に作品を追加してくれるようにコメントで頼んだりできるんだ。面白い作品ができたら、追加してみてもいいね。

アニメに関連するスタジオの例

アニメ関連のスタジオには、次の例があるよ。

・Stop-Motion Animation（追加は自分でできるよ）

　https://scratch.mit.edu/studios/175939/projects/

・Stop Motion（追加はコメントで依頼するよ）

　https://scratch.mit.edu/studios/90202/projects/

・Stop-Motion Projects（追加はコメントで依頼するよ）

　https://scratch.mit.edu/studios/701570/projects/

実写コマ撮りアニメ

 たくさんのものを動かすには？

　カメラの写る範囲であればいくつでも物を置いて動かせるよ。すれちがったり、ぶつかったり、いろんな動きを表現してみよう。

 工作も組み合わせてみよう

　動かすものに顔をつけてキャラクターにしたり、画用紙やダンボールで小道具やセットを作ったり、自分だけの世界を創造してみよう。

撮影しやすくするには？

　ビデオモーションセンサー※の「ビデオを入にする」を使うと、ステージにカメラの画像を重ねて表示できる。そうすると最後に撮った写真と次の写真の差がわかりやすくなって撮影しやすくなるよ。下のコードでは、wキーで重ねて表示、qキーで表示をなくすようにしているんだ。

※ビデオモーションセンサーについては49ページの「動きを検出できる『ビデオモーション』」で詳しく解説するよ。

48

Scratch 3.0デスクトップ

　Scratch 3.0を使うには、Webブラウザーとインターネット接続が必要だね。しかし、これらがいつもあるとは限らない。インターネット接続ができなくてWebブラウザーでスクラッチのサイトにつながっていないときでも使えるように、単独のアプリケーションとしてオフラインエディターが用意されているんだ。

　オフラインエディターのダウンロードとインストール方法は次のサイトで説明されているよ。

https://scratch.mit.edu/download

　使い方は、Webブラウザーから利用するオンライン版とほとんど同じだけど、自動保存や拡張機能の一部のようなインターネット接続が必要な機能は使えないので注意しよう。

コードでスプライトをコピーできる「クローン」

　クローンを使うと、コードによりスプライトが複製できるよ。使用例は下を見てね。

動きを検出できる「ビデオモーション」

　Webカメラを使って写真を撮るだけでなく、写ったものの動きを検出することもできるよ。たとえば、次のコードだと、スプライトに手で触るとクローンが増えて、1秒たつと消える。ビデオモーションに関するブロックは右下の ■（拡張機能を追加）から読み込めるので試してみよう。

算数×図工 多角形と星型図形(ほしがた)

ニャタロ〜 「スクラッチで勉強(べんきょう)ができるんだ」

アートン 「そうだよ。さっそくスクラッチのエディターを開(ひら)いてみよう」

ニャタロ〜 「スクラッチのWeb(ウェブ)サイトに行って『作る』をクリックしたよ」

アートン 「今日は、ネコに線(か)を描いてもらおう。実(じつ)はこのネコ、ペンを持(も)っているんだ」

ニャタロ〜 「持ってるように見えないけど、隠してるのかな。どうやって使うの」

アートン 「画面の左下の （拡張機能を追加）のボタンを押してみて。ここにペンの拡張機能があるよ。スプライトにペンの機能が追加されるから、追加されたブロックで呼び出すんだ」

ニャタロ〜 「わかった。早く描きたいなぁ！」

ネコを歩かせて線を引こう

アートン 「まずは、ステージをネコが歩き回るコードを作ってみよう」

ニャタロ〜 「 ブロックでいいかな？」

アートン 「さすが、ニャタロ〜。さっそくブロックを組み立ててから、コードをクリックして試してみよう※」

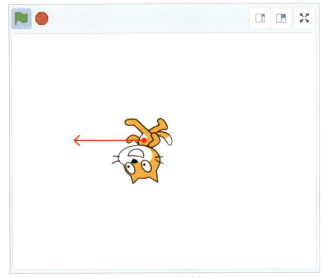

※ここではネコが逆立ちしても大丈夫だよ。

51

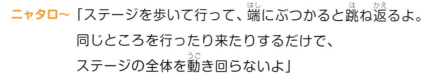 

ニャタロ〜　「ステージを歩いて行って、端にぶつかると跳ね返るよ。
　　　　　　同じところを行ったり来たりするだけで、
　　　　　　ステージの全体を動き回らないよ」

アートン　　「じゃあ、直接マウスで操作してスプライトの向きを変えてみようか」

ニャタロ〜　「OK。あれ、ステージの上でスプライトをつかんでみたけど方向を変
　　　　　　えられないよ」

アートン　　「ステージの下の、スプライト一覧の上の部分に、スプライト名やス
　　　　　　プライトの位置のx、y座標などの数字がいくつかあるよね。その中
　　　　　　から「向き」の欄を見つけて数字をクリックしてみよう

ニャタロ〜　「わっ、時計みたいなのが開いた。ネコの動きに合わせて3時になっ
　　　　　　たり9時になったりしているよ」

アートン　　「そうだね。この青い矢印がスプライトの方向を示しているんだ」

ニャタロ〜　「あ、これか。をドラッグしたらネコの向きが変わるね。よし、こ
　　　　　　れでOK。ネコがステージ中を歩くようになった」

アートン　「さっそく、ペンの機能を試してみよう。 ペン の ペンを下ろす を、コードエリアにドラッグして」

ニャタロ〜　「 ペンを下ろす をほかのブロックとつなげるの？」

アートン　「まずは、つながないで使ってみよう。コードエリアの何もないところに置いて、 ペンを下ろす をクリックしてみて」

ニャタロ〜　「 ペンを下ろす をクリックっと。
わぁ！ネコが歩いたあとに線が描かれたよ。 → をドラッグして方向を変えると動かしたとおりに線が描けるね」

アートン　「これがペンの機能だね」

ペンの消し方

ニャタロ〜　「ネコが歩き回ってステージがペンの線だらけになった〜。
線を消してきれいにしたいなぁ」

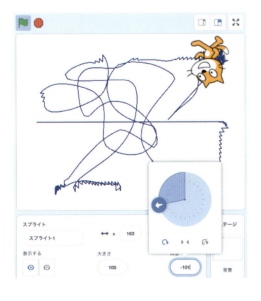

多角形と星型図形

アートン 「 [ペン] に [全部消す] というブロックがあるね。これを使おう」

ニャタロ〜 「お、クリックしたらペンの線が全部消えた。
でも、コードが動いているから、すぐ描き始めるね」

アートン 「 [ペンを上げる] というブロックがあるよ。これを使うと線を描かなくなるんだ。つまり、下ろすと上げるは、ネコが持っているペンの先をステージにつけたり離したりするという意味だね」

ニャタロ〜 「ほんとだ。 [ペンを上げる] をクリックしたら、線を描かなくなった。
ほかにも [ペンの太さを 1 ずつ変える] とか [ペンの 色 ▼ を 10 ずつ変える] とかがあるね」

アートン 「それはちょっと後回しにして、いろいろな図形を描いてみよう。
その前にステージの上に描かれた線が残っていたら [全部消す] のブロックをクリックして、線を消しておこう。
ネコも動きっぱなしだから、一度止めようね。実行中のブロックをもう一度クリック、または、 ● で止められるよ」

ニャタロ〜 「わかったよ」

正方形を描く

アートン 「ニャタロ〜は正方形を知っているかな？」

ニャタロ〜 「知ってる。正方形は四角形の仲間だよね。4つの辺の長さが同じで、4つの角が直角、つまり90度の四角形でしょ！」

アートン 「そのとおり！まずはそれで腕試しだ」

ニャタロ〜 「よーし、でも定規がないのに、どうやって辺の長さを測ればいいんだろう」

アートン 「いい質問だね。長さはネコの歩数で測ればいいんだ。一辺の長さはネコの100歩分にしよう。まっすぐに100歩動いて、90度回って、100歩動いて、90度回って、100歩動いてというように、『動いて回って』を全部で4回命令するとどうなるかな？」

ニャタロ〜 「あっ、そうか。ネコが歩いた歩数が定規の長さで、回った角度が分度器の角度と同じ意味なんだね。じゃあ、まず  をつないで右回り、それから、数字は半角で100歩と90度に変えてと。これが4回だね！一組できたからコピーしよう」

アートン 「ブロックのコピーは、コピーしたいブロックの上で右ボタンをクリックして『複製』を選択だね。あるいは、コピーしたいブロックをクリックして"Ctrl+C"と"Ctrl+V"のキーボードショートカットでもできるよ※。回る向きは、すべて90度でいいね」

※Macの場合は、"⌘+C"と"⌘+V"だよ。

ニャタロ〜 「できた〜。クリックして実行してみよう。あれ？動かない」

アートン 「動いていないように見えたのは、動くのが速すぎて元の場所に戻ったからみたいだね。あと、ペンを下ろすのを忘れているよ」

ニャタロ〜 「そうだった。 をクリックしてから、コードをクリック。あれ、描けたけど、傾いているよ」

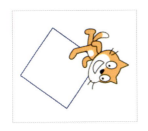

アートン　「描き始める前に右（90度）に向いていなかったからだね。もし正方形がステージからはみ出していたら、ネコをステージの中央にドラッグしよう。あと、ちょっとネコが大きすぎて線が見えにくいから、小さくしておこう。ステージの下のパネルで大きさの数字を100から40とかに変更するといいよ」

ニャタロ〜　「なるほどー。右に向けるために  を一番上につけた。あと、ネコも小さくしたよ！」

コードを整理する

アートン　「ところでコードを見て、なにか気づかない？」

ニャタロ〜　「うーん。 🏁が押されたとき をつけていないことかな」

アートン　「そうだね。エディターじゃなくて、プロジェクトページで見るときは、ブロックをクリックできないから 🏁が押されたとき をつけておこう。ほかにあるかな？」

ニャタロ〜　「まだあるの？大丈夫だよ。きちんと動いているし」

アートン 「じゃあ、ヒントを出そう。たとえば『同じ方法で100角形を描いて』って言ったらどうする？」

ニャタロ〜 「100回コピーする！のは面倒だなあ。同じことを自動的にできればいいのに……。あっ、そういうことか！ 制御 の 10回繰り返す を使うんだね」

アートン 「ピンポン！」

ニャタロ〜 「 10回繰り返す を持ってきて、10を100！じゃなくて、いまは正方形だから4に変えてと。できたよ」

アートン 「あと、毎回ステージの線を消すのは面倒だから、 全部消す も が押されたとき と 90度に向ける の間に入れたらいいね※」

ニャタロ〜 「なるほどー、シンプルでわかりやすくなったよ。このコードでやっていることを言葉としても読めるね」

※ さっき、 ペンを下ろす をクリックしたから線が引けているけれど、コードの中にこのブロックを入れると確実に線が引けるよ。どこに入れたらいいかな。考えてみてね。

正三角形を描く

アートン　「次は、このコードを使って、正方形以外の正多角形も描いてみよう。あしたの授業で習うのは三角形だったね。正三角形はわかる？」

ニャタロ～　「3辺の長さが同じ三角形でしょ」

アートン　「正解。じゃあ、正三角形を描いてみて。正方形のコードを2カ所変えるとできるね」

ニャタロ～　「う～ん、前のは四角形だったから4回繰り返したよね。三角形を描くには3回繰り返すのかな。正三角形の内角は60度だから……」

アートン　「おっ、内角を知ってるんだ。さすが！」

ニャタロ～　「えっへん。よし、コードを変えて試してみよう。あれ、なんで？このネコ、まちがって動いたんじゃない？」

アートン　「それはどうかな。じゃあ、自分がスプライトになったつもりで実際に歩いてみよう。まずは正方形から」

ニャタロ～　「うん。100歩を歩くのは大変だから、大股で1歩だけ歩いて100歩のつもり、そして90度右回り。これを4回繰り返すと、一周回って正方形になったよ」

アートン　「そうだね。同じように、正三角形に歩こう」
ニャタロ〜　「100歩の代わりに大股で1歩いて、ぐるっと右回り。あれっ、正方形のときよりも大きく回るよ。これ何度くらいだろう？」

アートン　「正三角形の内角は60度と言ってたよね。スプライトを動かして描くときの回る角度は、内角なのかな？」
ニャタロ〜　「えっ、あ、もしかして、内角じゃなくて外角なのか」

アートン　「実際に確かめてみよう」
ニャタロ〜　「えーと、外角は180度から内角を引いた数だから、180－60＝120。コードの回す角度を変えて実行。おおお、正三角形だ！」

いろいろな正多角形を描く

アートン 「次に正六角形を描けるかな」

ニャタロ〜 「さっき、正三角形を描くのに失敗したときの形が六角形の半分だったような……。ということは、繰り返しの回数が6回で、回す角度が60度かな。やってみよう」

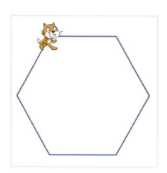

アートン 「正解。その調子で次は正五角形だ」

ニャタロ〜 「えー、正五角形の外角なんて覚えてないよ。たぶん、回す角度は正方形と正六角形の間だと思うけど」

アートン 「よし、じゃあ、いままでにわかったことを表にまとめてみよう。この表を見て何か気づいたことはないかな」

正多角形の種類	辺の数 （角の数、繰り返す数）	外角 （回す角度）	辺の数×外角
正三角形	3	120	?
正方形	4	90	?
正五角形	5	?	?
正六角形	6	60	?

ニャタロ〜 「う〜ん、よくわからない」

アートン 「あきらめないで、じーっと見てごらん。ヒントは掛け算」

ニャタロ〜 「掛け算？　えーと、あれ、もしかして……。あっ、辺の数と外角を掛けた答えが全部360だ！」

アートン　「ニャタロ～は正方形のときに『一周回って』って、言っていたね。一周は何度かな？」

ニャタロ～　「360度！そうか、どんな多角形でも描き終わったときは一周回っているんだ」

アートン　「そのとおり。じゃあ、正五角形の外角は？」

ニャタロ～　「む、むずかしい……」

アートン　「辺の数×外角＝360ということは、
　　　　　　辺の数がわかっていて、外角を求めたいときは割り算じゃないかな」

ニャタロ～　「実は、ぼくもそうじゃないかと思ってたんだ。
　　　　　　ということは、360÷5かな。筆算、筆算」

```
      72
   ┌─────
 5 ) 360
     35
     ──
     10
     10
     ──
      0
```

ニャタロ～　「72だ！繰り返しの回数は辺の数だから5回、回す角度は外角だから72度に変えて実行と。できた！」

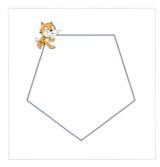

アートン　「すごいよ、ニャタロ～。自分で新しい法則を発見したね※」

ニャタロ～　「正多角形の外角は、360÷辺の数！」

※とがっているほうを上にするにはどうしたらよいか考えるのも面白いよ。

正七角形って見たことある？

アートン　「じゃあ、次に正七角形はどうだろう」

ニャタロ〜　「簡単。360÷7は……、あれっ、割り切れないよ。商が51で余りが3」

アートン　「そう、この式は割り切れない。余りじゃなくて、小数で計算しても51.4285714…となって終わりがない」

ニャタロ〜　「だめじゃん」

アートン　「そこで ● の ◯/◯ を使うんだ。こうすれば、割り算をそのままコードの中にはめ込むことができる」

ニャタロ〜　「おおー。でも『/』ってなに？」

アートン　「コンピューターの世界では、『÷』を『/』、『×』を『*』で表す約束なんだ」

ニャタロ〜　「そういえば、そうだった。よーし、繰り返しの回数を7回、回す角度を 360 / 7 に変えて実行しよう。おお、これが正七角形か。初めて見た！」

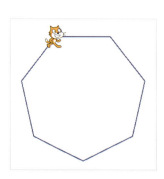

変数を使ってみよう

アートン　「次は正八角形と言いたいところだけど、毎回数字を何カ所も変えるのは面倒だね。正七角形のコードを見ると、同じ数が見つからないかな」

ニャタロ〜　「繰り返しの回数と割り算の割る数が両方とも7だ」

アートン　「そうだね。これを変数にしてみよう」

ニャタロ〜　「なるほど、変数か。でも、変数ってなんだっけ」

アートン　「ええっ、自由に中身を変えられる数だよ。変わる数」

ニャタロ〜　「あー、思い出したよ」

アートン　「（不安だなあ……）さっきの数を変数にすれば、その変数の値を正多角形の辺の数にするだけで、何角形でも描けるはずだね」

ニャタロ〜　「それは便利！」

アートン　「さっそく変数を作ってみよう。　の　変数を作る　をクリックして、『新しい変数』のダイアログが開いたら、変数の名前をつける。名前は『辺の数』でいいね。その変数が使える範囲も決められるけど、今回は『すべてのスプライト用』でOKだ※」

※「クラウド変数（サーバーに保存）」と表示されている人がいるかもしれないけど、いまは気にしなくても大丈夫。どうしても気になる人は89ページを見よう。

多角形と星型図形

ニャタロ〜 「この 辺の数 を使って、 辺の数 回繰り返す を 360 / 辺の数 のように変えればいいのかな。辺の数は、どうやってセットするの」

アートン 「それには 辺の数 ▼ を 0 にする を使うよ」

ニャタロ〜 「なるほど。じゃあ、正七角形の場合は、この数字を7にして 辺の数 ▼ を 7 にする を 全部消す と 90 度に向ける の間に入れたらいいね。これでも正七角形ができた」

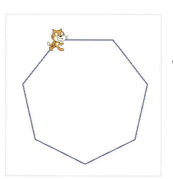

アートン 「じゃ、あとは正百角形まで作っておいてね」

ニャタロ〜 「ええーっ。もしかして、これも繰り返しを使えば……」

星（五芒星）を描こう

アートン 「ところで、星型は描けるかな？」

ニャタロ〜 「手では描けるよ。一筆書きができるんだよね」

アートン 「ということは、さっきの正多角形と同じように描けるはずだね」

ニャタロ〜 「う〜ん、むずかしそう。めんどくさいし、わかんないよ」

アートン 「あきらめたら、そこで終わりだよ！」

ニャタロ〜 「わかったよ。じゃあ、スプライトの気持ちになって歩いてみるよ。100歩動いて、ほとんど振り返るくらい回るね。角度は何度だろう。線の数は5本だから、5回繰り返すとできるのかな」

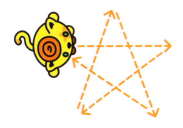

アートン 「なにか気づかない？」
ニャタロ〜 「あれ？もしかして、星を描きながら2周してた？」
アートン 「そうそう。星を描くときは2周するんだね。コードのどこを変えたらいいかな？」
ニャタロ〜 「正多角形のときは、一周回るから360度だったけど、2周だから360×2=720度にするってこと？」
アートン 「では、試してみよう。すぐ試せるのがスクラッチのいいところだね」
ニャタロ〜 「はい、できた。360のところに ◯・◯ を入れて 360・2 / 辺の数 にしてみた。実行してみるね！」

ニャタロ〜 「すご〜い！星が描けたよ。あした学校でみんなに見せてあげよう」
アートン 「ほかの星型多角形も描けるかな。辺の数を変えるとどうだろう」
ニャタロ〜 「あれ、辺の数を4にしたら描けなくなった」

算数×図工 多角形と星型図形

アートン　「なぜだろうね。いろいろ試して考えてみよう。
そうそう、もしかしたら、定規やコンパスを使った図形の描き方とここで試したやり方は、考え方がちょっとちがうかもしれない。正しい答えを求める方法は一つだけじゃないんだね」

ニャタロ〜　「いろんなやり方があるんだね。
どのように学校で習うか楽しみだ！」

拡張機能「ペン」のブロックを知ろう

❶「全部消す」
ペンや、スタンプで描かれたものをすべて消すことができるよ。

❷「スタンプ」
実行すると、スプライトの姿がそのままステージに転写されるよ。

❸「ペンを下ろす」「ペンを上げる」
スプライトはペンを下ろすとステージに線を描く。ペンを上げると線を描くのをやめる。一度実行するとその状態が続くよ。

❹「ペンの色を○にする」
ペンの色を変えられる。○をクリックして、スライダーで色を調整したり、下のスポイトのアイコンを押して画面が暗くなったら、スクラッチのステージの中の好きな色を吸いとって指定できるんだ。

❺「ペンの色を (10) ずつ変える」
　「ペンの色を (50) にする」
ペンの色を数字で指定して変えられる。むずかしい言葉でいうと「色相」なんだけど、数字の範囲と色の関係は自分で試してみるとわかるよ。
色の部分の▼を押すことで「色」のほかに「鮮やかさ」「明るさ」「透明度」を指定することもできるよ。

❻「ペンの太さを (1) ずつ変える」
　「ペンの太さを (1) にする」
ペンの太さを数字で指定できるよ。ペンを一番太くするにはどうすればいいかやってみよう。

ペンの太さや色を変えてみよう

　ペンの色を変えてみるとカラフルな図形が描けるね。太さも変えると面白い形が描けるかも。

 辺の長さを変えてみる

　図形の大きさも自由に変えられるよ。辺の数が多くなってステージからはみ出したときは、辺の長さを短くしよう。

 いろいろな正多角形や星型多角形を試してみる

　星型多角形の辺の数が偶数だとうまく作れないのはなぜだろう？2周じゃなくて3周まわる星型図形を描くとどうなる？一筆書きできない図形も作れるかな？数字や変数やコードをいろいろ変えて試してみよう※。

※ちなみに、本文で説明した星型多角形は、正多角形の頂点を「1つ飛ばし」でつないだ星型正多角形だよ。

 図形を描きながら移動してみる

　たくさん星を描きながら画面の上を進んだりできるかな。

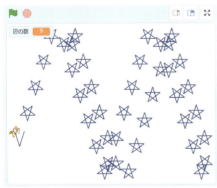

実行例

車窓シミュレーター

総合×図工

ニャタロ〜　「わかったようで、わからない……」

クララー　「こんにちは、ニャタロ〜！なにをしているの？」

ニャタロ〜　「お月様が追いかけてくる様子をスクラッチでシミュレーションするんだ。でも、苦戦中」

クララー　「シミュレーション？すご〜い。むずかしい言葉を知ってるわね」

ニャタロ〜　「前に、アリの動きをマネしたアリシミュレーターを作ったからね※」

クララー　「そうなんだ。じゃあ、またね！」

ニャタロ〜　「ちょっと！一緒に考えようよ。
　　　　　『遠くはなれているから』とか言っていたよね」

クララー 「自分で考えることが大事よ。
でも、アートンとの約束まで時間があるから、
ちょっとだけつきあってあげる」

※『小学生からはじめるわくわくプログラミング』（阿部和広著、弊社刊）の「理科　アリシミュレーター」でアリシミュレーターの作り方を説明しているよ。シミュレーションについては、112ページを見てね。

窓の景色が通りすぎていく様子を思い浮かべてみよう

　自動車、バス、電車など乗り物が動いていると、窓の外の景色がどんどん通りすぎていくわよね。自分が乗り物に乗って進んでいるので、景色は進行方向と反対の向きに動いて見えるのよ。そして、近くにあるものは速く通りすぎて、遠くにあるものはゆっくり通りすぎるように見えるわ。

なぜ、遠くのものはゆっくり動くの？

　目の前のボールが動くときのことを考えてみるわね。
　ある時間tに、ボールが移動した距離をaとしたとき、目で見える範囲（視野）の中の角度の変化をbとするわ（下の図の左側）。
　そして、ボールがそれより遠くにあったとき、同じ時間tで同じ距離aをボールが移動したときの視野内の角度変化をb'とするわよ（下の図の右側）。

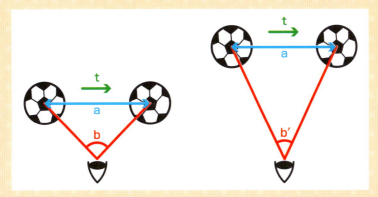

　すると、b'の角度がbより小さくなっていることがわかるかしら。この角度の変化にかかる時間は、どちらもtで変わらないから、遠くにあるボールのほうが近くのボールよりゆっくり動いて見えるのよ。お月様はとても遠くにあるので、相対的な速度が大きくても角度の変化が小さくて、止まっているように見えるのね。

車窓シミュレーター

ニャタロ〜　「山道では、近くの木は速く、遠くの木々はゆっくり通りすぎていったよ」

クララー　「お月様は動かなかったでしょ」

ニャタロ〜　「うん。夕方に牧場を通ったときは、道路わきの柵はどんどん通りすぎて行くのに、柵の向こうにいた牛は少しゆっくり、さらに向こうにあった建物はもっとゆっくりだった。夕日の場所はほとんど変わらなかったよ」

クララー　「よく覚えているわね。その様子を思い出しながらスクラッチで作ってみたら？」

ネコが窓から外を眺める

クララー　「まず窓が必要ね。ステージ全体を窓に見立てることでどうかしら？ネコのスプライトはそのまま使うわ。窓の外を見ているニャタロ〜の代わりよ」

ニャタロ〜　「え〜、ぼくってこんな感じ？もっとかっこよくない？」

クララー　「どうかしら。このネコは自動車に乗っていることにするので動かないわ。窓の手前から外を見ているように、ネコのサイズを大きくして、窓辺に移動してみて」

ニャタロ〜　「拡大は、ステージの下の大きさの数字をクリックして、数字を入力だね。最初に入ってた100を400に変えたらかなり大きくなったよ」

70

クララー 「窓から外をながめているようにしたいから、ステージの下のほうに移動して顔だけ表示するくらいでいいかしら」

ニャタロ〜 「ネコをステージの下のほうにドラッグして移動したよ。でも、窓の外を見ているなら、顔がこっちを向いているのは変じゃない？」

クララー 「なかなか鋭いわね。それなら、ネコの顔を消しましょう」

ペイントエディターでネコの顔を消す

　ネコのスプライトを選択しているかしら。確認してちがっていたら、まずはネコのスプライトをクリックよ。次に　コスチューム　をクリックして、ペイントエディターを開くの。

　このネコのスプライトには2つのコスチュームがあるわね。1つめのコスチューム（コスチューム1）でいいわ。

車窓シミュレーター

ニャタロ〜「顔を消すなら消しゴムかと思ったけど、どれだろう。あっ、 これかな！消してみていい？」

ちょっと待って、Scratch 3.0ではほとんどのスプライトがベクターモードで描かれているの。このネコもそうよ。ベクターというのは、画像のデータを直線や曲線で管理する方法よ。そうすると拡大や縮小をしても輪郭がギザギザしないし、複雑な形はパーツごとに重ねて表現することもできるわ。この場合、ネコの顔のパーツ、目、鼻、口はバラバラにできるわよ。

ニャタロ〜「バラバラ？ちょっと怖いな」

ペイントエディターで （選択ボタン）をクリックしてから、ネコのコスチュームをクリックするの。そうするとコスチュームの周りに四角い印が表示されるわ。この四角で囲まれた部分が一つのパーツになっているわ。

ニャタロ〜「 ツールでネコの目だけをクリックしても、頭全体に四角が表示されるということは、頭の部分で一つのパーツなんだね」

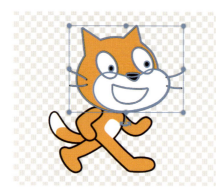

いまはそうね。グループでまとめられているから一つなの。ネコを選択したまま、 （グループ解除ボタン）をクリックしてみて。いくつかのパーツに分かれるわ。

72

　これで、目、鼻、口は分かれたんじゃないかしら。それぞれのパーツをクリックすると選択できるわ。選択したパーツは「BackSpace」(Macの場合は「Delete」)で消せるのよ。まちがえたときは、 ◀ (取り消しボタン)で戻れるわ。

ニャタロ～　「片方の目を選択して、消しちゃった」

クララー　「残りの目と、鼻、口もいらないから消してね」
ニャタロ～　「目を選択して消して、鼻を選択して消して、口を選択して……」

クララー　「口の周りの白い部分もいらないから消してね」
ニャタロ～　「白い部分を選択して……消したよ」

車窓シミュレーター

ニャタロ〜　「のっぺらぼうだ！」
クララー　「顔が消えたから、後ろ姿っぽくも見えない？」

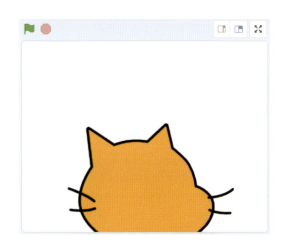

ヒゲとか、まだちょっと変な気もするけど……

ベクター画像の部品の上下関係

ニャタロ〜みたいにヒゲの生え方も気になった場合は、パーツのレイヤー操作もしてみよう。ヒゲの部分を選んで、以下のボタンを押すと重なりの順番を変更できるよ。

通りすぎていくものを作る

クララー　「細かいこともよく気づくわね。でも、スルーよ。
次に、外の景色を作っていくわ。
まずは、ステージに木を読み込んでみましょう」

スプライトを読み込むには、スプライト一覧の右下の をクリックするの。そうしたら、スプライトの一覧が開く。木は英語でtreeだから左上の検索欄で"tree"を検索しましょう。すると、木のスプライトが見つかるわ。「Tree1」を使ってみましょう。スプライトのパネルを押してみてね。

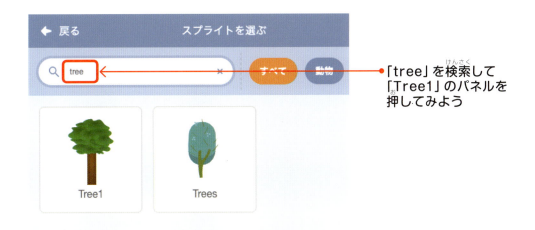

ニャタロ~ 「木がステージに出たよ。あれ、でもネコの上に乗っかっちゃった」
クララー 「ネコのスプライトを、マウスでドラッグすれば手前に出るわ」
ニャタロ~ 「本当だ。最後につかんだものが手前に出るんだね」
クララー 「ちなみに、ネコのスプライトを選択してから、

 を使ってもできるわよ」

ネコをドラッグして手前に

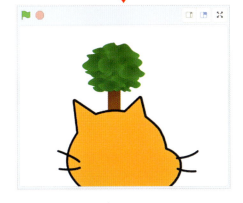

車窓シミュレーター

クララー　「次はコードで木を動かしてみて。どのブロックを使えばいいかわかるかしら」

ニャタロ〜　「　の　10歩動かす　でしょ。コードエリアにドラッグしたよ。でも、これだと木が左から右へ動いちゃうよね。ぼくは左側の窓から見ていたから、右から左に景色が流れるようにしたいんだ」

クララー　「−10歩にする方法もあるけど、今回は別のやり方で動かしましょう。木の向きを変えるのよ」

90度に向ける　をコードエリアに置いて、90度の数字の部分をクリックして向きの角度を決めるパネルで左向きの−90に設定してね。10歩動かす　は　ずっと　で囲いましょう。

ニャタロ〜　「OK。でも、これだと、木が逆立ちしちゃうよ。それにステージの端に着いたら木が止まっちゃう。もし端に着いたら、跳ね返る　にすると戻ってきちゃうし」

　いいところに気がついたわね。逆立ちの話は後回しにして、まず、左端に着いた木が、右端から出てくるようにしてみましょうか。すこし、複雑だからしっかり説明するわね。

　まず、知っておいてほしいのは、ステージの大きさについて。ステージは、横（x座標）が−240から240、縦（y座標）が−180から180なの。ステージ中のスプライトの位置は　　にある　x座標　y座標　で表されるわ。だからスプライトが左端に着くのは、x座標が、−240より小さくなったかどうかを調べたらわかるわね。

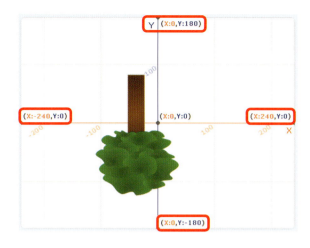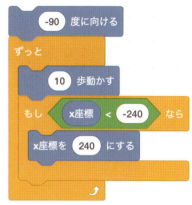

ニャタロ〜　「えーと、ということは、もし  にすればいいのかな。コードを組み立ててみたよ」

クララー　「さぁ、ブロックをクリックして試運転よ」

ニャタロ〜　「その前に逆立ちを直そうよ」

クララー　「そうね。左に向ける（−90度）ことは、右向き（90度）から180度回すのと同じだから、逆立ちしちゃったのね。
　　　　を追加しないといけないわ。
　　　　の▼を操作して、『回転しない』に切り替えてね。それができたら、コードをクリックして実行よ」

77

車窓シミュレーター

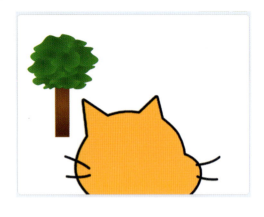
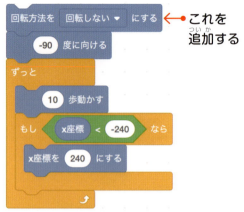

ニャタロ～　「いい感じになった。窓の外を木がビュンビュン通りすぎているみたいに見えるね。ほかのものも作りたいな。木の向こうに動物を置いてみよう」

少し遠くにあるものを作る

クララー　「そうね。木の向こうにキツネを置いてみるのはどうかしら。スプライトパネルの右下の　をクリックして、『動物』から『Fox』（キツネ）を探してみて。キツネの上にマウスのポインターを置くと、座ったり、伏せたりするから、そこでクリックね」

ニャタロ～　「見つけたよ。木の向こうにしたいのに、また手前に出てきちゃった。しかたがないから、木をつかんで前に出して、最後にネコも前に出したよ」

クララー　「それじゃ、キツネもコードで動かしましょう。木のコードを真似できるんじゃないかしら」

　新しくコードを作ってもいいけど、今回は木のコードをキツネにコピーして使いましょう。でも、その前にちょっとコードを変えるわ。ここまではコードを直接クリックして実行していたわね。だけど、スプライトが増えてきたから、すべてのコードをクリックしなくてもいいように ▶が押されたとき をつけておきましょう。

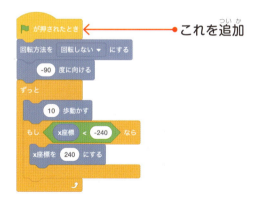

●これを追加

　コードを変えたら、先頭の ▶が押されたとき をドラッグして。スプライトリストの中のキツネのアイコンにマウスの矢印が重ねてみてね。ブロックを重ねてキツネのアイコンが青くなって揺れたらマウスのボタンを離すの。これでキツネにもコードがコピーされるわ。

79

車窓シミュレーター

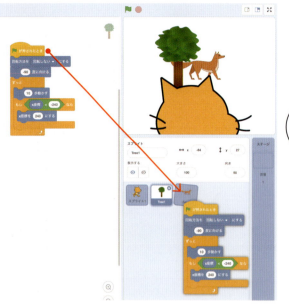

コードエリアから
キツネのアイコンの
上にドラッグしてね

ニャタロ〜　「あれ？コードがキツネに入らないで戻ってきちゃったみたい。もう一度やってみる？」

クララー　「たぶん大丈夫。キツネのアイコンをクリックして確認よ」

ニャタロ〜　「おお、ちゃんとコピーされてる。よし、これで 🏁 をクリックしてみよう」

クララー　「もし、キツネのコードにブロックが入っていなかったら、もう一度やってみればいいわ。どう？ちゃんと動いた？」

ニャタロ〜　「動いたけど、キツネが木と同じコードだから、まったく同じように動くよ。キツネは木の向こうだから、もう少しゆっくり動かしたいな」

クララー　「どうしたらいいと思う？」

ニャタロ〜　「そうだね。 10 歩動かす で動く速さを決めているから、遅くするには 5 歩動かす くらいにしてみようかな」

クララー　「いいわね。それでやってみて」

ニャタロ〜　「数字を5に変えて 🏁 をクリック！いい感じなんだけど自由にスピードを変えられるようにできたらいいかも！ドライブは、スイスイ進むときも、ノロノロ渋滞のときもあるんだ」

クララー　「それはいいアイデアね！あっ、もうこんな時間。じゃ、わたしはここまでということで……」

ニャタロ〜　「まだ、ちょっとしかたってないよ！」

自動車の速さを変える

クララー　「じゃあ、もう少しだけね。速さを変えるということは、決まった数じゃなくて、変わる数、変数を使えばいいのよ」

ニャタロ〜　「そうか！変数の はやさ を作って 10 歩動かす の『10』の代わりに入れたらいいのか。変数 の 変数を作る をクリックして……。
あれ、『すべてのスプライト用』『このスプライトのみ』のどっちを選ぶんだっけ※」

※「クラウド変数（サーバーに保存）」と表示されている人がいるかもしれないけど、いまは気にしなくても大丈夫。どうしても気になる人は89ページを見よう。

クララー　「この はやさ は何の速さかしら。もし、乗っている自動車の速さなら、それに関係するすべてのスプライトで共通ね」

ニャタロ〜　「そうか。それなら『すべてのスプライト用』だね。選んで［OK］をクリックしたよ」

クララー　「その はやさ を木とキツネの両方のコードに入れて、 はやさ 歩動かす のようにすればいいわね」

ニャタロ〜　「よし、できた。でもこれだと、また、木とキツネが同じ速さになっちゃうよね」

このように変更

81

車窓シミュレーター

クララー 「ちょっとそれは置いておいて、 はやさ の数を変える便利な方法を教えてあげるわ。 はやさ を作ったときに、ステージの上に はやさ 0 って出ていたのに気がついた？」

ニャタロ～ 「知ってるよ、変数の中が見られる変数モニターでしょ？ ☑ はやさ の左のチェックボックスで、表示したり隠したりできるんだ。でもこれじゃ、数字は変えられないよね」

クララー 「そうかしら？ はやさ 0 をダブルクリック（すばやく2回クリック）してみて」

ニャタロ～ 「あ！ 0 だけになった。しかも文字が大きくなったみたい」

クララー 「 0 をもう一度ダブルクリックしてみて」

ニャタロ～ 「今度は はやさ 0 になった※。下に変なのがついたよ」

クララー 「その、下についた部分をスライダーって呼ぶの。丸いところをマウスでつかんでドラッグできるわ」

ニャタロ～ 「おー！数字が変わった！さっき木は10歩動かしていたから、10にしてみよう」

※Webブラウザーによっては、 はやさ 0 だったり はやさ 0 だったりするよ。

クララー 「 🏁 をクリックして試してみて」

ニャタロ～ 「実行中もスライダーを動かせるんだね。スピードが変わって、まるで運転しているみたい！でもやっぱり、キツネと木が同じ速さになるのをなんとかしたいな」

クララー 「さっき、木は 10 歩動かす 、キツネは 5 歩動かす だったわよね。いまは両方 はやさ 歩動かす で同じになっているのね」

ニャタロ～ 「ああ、そうか、 はやさ が10のときに5にするには、2で割ればいいね。キツネのほうを はやさ / 2 にすればいいのか」

クララー 「そうね。さっそく試してみましょう！」

ニャタロ～ 「キツネのコードを はやさ / 2 歩動かす にして 🏁 をクリックしたよ。思ったとおり！ばっちりだ」

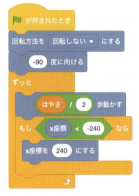

木（Tree1）　　　キツネ（Fox）

増やしたものの速さを調整する

クララー　「でも、ちょっと動くものが少なくてさびしくない？」

ニャタロ〜　「スプライトリストのキツネを右クリックして『複製』を選んで2匹にしたよ。コードもそのまま複製されて便利だよ」

クララー　「2匹めのキツネはもう少し遠くにいるようにできるかしら」

ニャタロ〜　「もっと遠くってことは、動きもっとゆっくりにすればいいよね」

クララー　「 はやさ / 2 の割る数をもっと大きくするとか」

ニャタロ〜　「あ〜、ぼくもそれは考えてた。 はやさ / 5 だと はやさ が10のときに2になるね。2匹めのコードを変えて動かしてみよう。うん、いい感じにゆっくりになったよ」

クララー　「それじゃあ、2匹めのキツネを、木と1匹めのキツネの間にいるみたいにできる？」

ニャタロ〜　「え〜と。ちょっと待って。自分で考えるから。2で割ったキツネより、5で割ったキツネのほうが遠くでゆっくりになったんだから……。もしかして、1で割ると近くになるんじゃない？」

クララー　「そう？考えるだけじゃなくて、実際に試してみるのも大切よ」

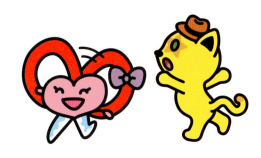

83

車窓シミュレーター

ニャタロ〜「わかったよ。
　　　　　　はやさ/1 にしてやってみたけど、木と同じ速さになった」

クララー「はやさ/1 は はやさ がどんな数でも元の数と同じになるわ。そもそもどうして1だと考えたの？」

ニャタロ〜「だって、木の向こうのキツネは2で割って、もっと向こうのキツネは5で割ったから。遠くにいるときは大きな数字、近くにいるときは小さな数字で割ると考えたんだ。2より小さいから1かなぁなんて」

クララー「名推理だけど、ちょっと惜しいわね。
　　　　　もしかしてニャタロ〜は、小数が苦手かしら？
　　　　　木は割る数が1、1匹めのキツネが2とすると、その間はどうなる？」

ニャタロ〜「小数くらい知ってるよ。0.8とか1.5とかでしょ。1より大きくて2より小さいということは、たとえば1.5なんてどうかな。2匹めのキツネを試しに はやさ/1.5 にして 🚩 をクリック。やった！いい感じだ」

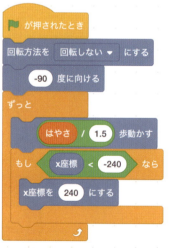

2匹めのキツネ（Fox2）

一番遠くにあるものを作る

ニャタロ～　「今度は月を作りたい。どうしたらいいかな
　　　　　　すごい遠くだから10000000くらいで割るのかな？」

クララー　「試してみたらいいんじゃない。いま作っているのは科学的に厳密な
　　　　　シミュレーションではなくて、こんな感じに動いて見えるというアニ
　　　　　メーションだから、やってみて決めるのが一番よ。あと、月の絵があ
　　　　　るといいんだけど、残念だけどないの。代わりにスプライトリストの
　　　　　🐻 を押して太陽（『Sun』）を検索してみてね」

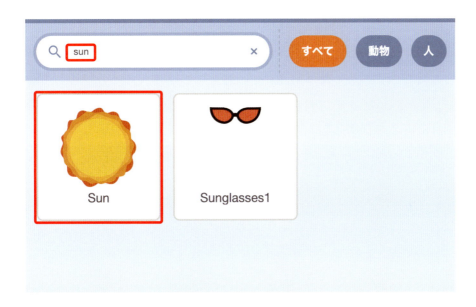

ニャタロ～　「太陽と地球の距離は約1億5000万キロメートルだから、メートル
　　　　　　に直して150000000000で割ってみるといいかも」

クララー　「ニャタロ～は細かいことをよく知っているのね。やってることはア
　　　　　バウトだけど」

ニャタロ～　「なんか言った？まあいいや。太陽のスプライトにキツネのスクリプ
　　　　　　トの旗の部分をドラッグしてコピーし、 はやさ / 150000000000 歩動かす にし
　　　　　　たよ。では、🚩 をクリック。わっ、動かないよ。割り算がむずかし
　　　　　　すぎて動かないのかな」

クララー　「それは、この割り算の答えがとても小さな数になるからよ。
　　　　　 はやさ が10のとき、答えは約0.0000000000666……になるわね」

車窓シミュレーター

太陽（Sun）

クララー　「太陽が遠すぎるんだったら、少し動くくらい遠くのものも作ってみたら？ 2匹めのキツネの向こうに岩を置くのはどうかしら？岩（『Rocks』）があるわ」

ニャタロ〜　「検索して岩（『Rocks』）のスプライトを表示してから、キツネのコードをコピーして　はやさ / 50　にしたよ。
🏁をクリック。わっ、リアルな動き！」

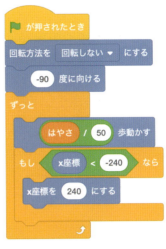

岩（Rocks）

クララー　「位置をうまく調整して、前後も合わせたらバッチリね！」

ニャタロ〜　「通りすぎるものの遠さに応じて割る数を変えれば動く速さも計算できるんだね。もっといろいろ試してみたいなぁ」

クララー　「最後に、通りすぎるものと距離、速さを割る数の関係を表にまとめておいたわ。参考にしてね※」

※これらの数値は、それらしく動くという意味のもので、科学的に厳密なものではないよ。

通りすぎるもの	距離	速さを割る数
太陽	遠い	150000000000
岩	↕	50
キツネ1	↕	2
キツネ2	↕	1.5
木	近い	1

車窓シミュレーター

発展課題 1　背景を作り込みましょう

　ステージの背景に絵や写真を入れるともっと楽しいんじゃないかしら。自分でいろいろ工夫してみてね。

発展課題 2　レイヤーを指定する方法

　マウスでクリックして前後の順番を変えていたけど、別のやり方もあるの。のブロックを使うと、スプライトが表示される順番（レイヤー）を変えられるわ。このブロックは▼で切り替えると現在のレイヤーを基準にスプライトを「手前に出す」あるいは「奥に下げる」ことができるの。遠くのものほど層を下げる数字を大きくすればいいわね。これに対して、は、無条件に一番手前に出したり、最背面にさげられるわ。

発展課題 3　窓の形を変えてみたら

　ここまでの説明では、ステージ全体を窓にしたけど、一番手前に穴の開いたスプライトを作れば、窓の形も自由に表現できるわね。

発展課題 4　正確なシミュレーションにしてみよう

　いまはむずかしいかもしれないけれど、それぞれの動きを感覚的に決めるのではなく、科学的に正しい式で解いて、シミュレーションできるとすごいかも。

ペイントエディターで日本語を入力

コスチュームや背景を編集するペイントエディターで、■をクリックすると、表示したい文字を入力できる。もちろん日本語も入力できるよ。ただアルファベットほどにはフォントの種類は多くないので、日本語をコスチュームとして使いたいときは、自分で絵として描くか、■をクリックして、ほかのツールで作成したものを画像ファイルとして読み込む方法もある。スプライトで日本語フォントをデザインしてプロジェクトで共有するのも面白そうだね。

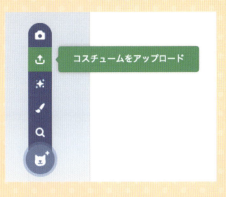

内容を保存できる「クラウド変数」

普通の変数は、Webブラウザーを閉じたり、ほかのページを開いたりすると、内容が最後に保存した状態に戻ってしまう。クラウド変数を使えば、その内容がサーバーに保存されるため、なくなることがない。

クラウド変数は、新しい変数を作るダイアログで「クラウド変数（サーバーに保存）」の左にあるチェックボックスをチェックすることで作ることができる。このクラウド変数を使えば、ゲームのハイスコアを記録したり、ネットワーク対戦ゲームを作ったりできるんだ。

ただし、チャットを作ることは禁止されているので注意しよう。また、クラウド変数が使えるのは、ユーザーのレベルが「Scratcher」の人（141ページを見てね）だけだ。

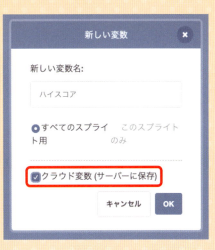

算数 × 図工

繰り返し模様

クララー 「スクラッチなら色が足りなくなることもないし、虹色の作品を一緒に作ったらいいじゃない」

ニャタロ〜 「虹色？前に色を使ったこういう作品を作ったんだ。カラフルでしょ」

ニャタロ〜　「`1 から 200 までの乱数`のブロックで、ネコの色がランダムに変わるんだ。いいでしょ」

クララー　「なかなかきれいね。でも、これじゃ、いつもちがう色が出てくるだけで、ちょっと物足りないかも。色や位置のパターンを決めて並べてみると、もっときれいになったりして」

ニャタロ〜　「もっときれいになるの！にゃ〜こがよろこぶかな。どうすればいい？」

クララー　「自分でやればといいたいけど、にゃ〜こちゃんのために一緒に作りましょう。まずは準備が必要ね。スクラッチのサイトで『作る』をクリックして、新しいプロジェクトを開いて」

ニャタロ〜　「開いたよ」

クララー　「じゃあ、きれいな繰り返し模様を作りましょう！」

繰り返し模様とは

　繰り返し模様とは、図形を一定のルールで繰り返して描いた絵のことよ。家の中や自分の持ち物にもあるんじゃないかしら。たとえば、スクラッチの「背景」のライブラリーには、次のような繰り返し模様があるわ。

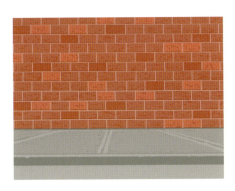 

ニャタロ〜　「ぼくの部屋の壁紙もこんな感じだよ」

クララー　「よく見ると、同じ形が何回も使われているでしょ。この背景をそのまま使ってもいいけど、プログラムで作るともっと自由にできるわよ。どんな模様がいいかしら……」

ニャタロ〜　「にゃ〜こは水玉が好きだよ」

クララー　「じゃあ、水玉模様を作りましょう！」

水玉模様の素材を作る

　まず、模様の元になる形、素材を作るわ。水玉模様は小さな丸（水玉）がたくさん並んでいるわね。今回はネコを使わないから、ネコのスプライトを消して、小さな丸のスプライトを描きましょう。

　ネコを削除するには、スプライトリストのネコをクリックして、右上の ✕ をクリックしてね。それから新しいスプライトを描くために 🖌 をクリックよ。

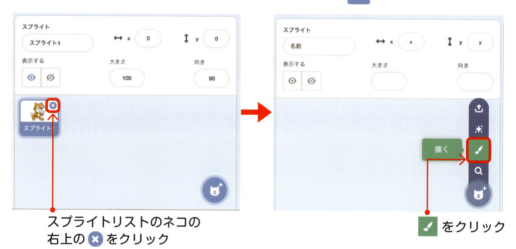

スプライトリストのネコの右上の ✕ をクリック　　　　🖌 をクリック

クララー　「中央のエリアがコスチュームのペイントエディターになったわね。ここに丸を一つ描くわ。筆を太くして、一回クリックしたらOKよ」

ニャタロ〜　「🖌 で筆は選べたけど、どうやって太さを変えるのかなぁ」

クララー　「筆のツールを選ぶとペイントエディターの上のメニューに線の太さの数字が表示されるの。その数字を変えればでペンの太さも変わるの。100を入力して最大の太さにしましょう」

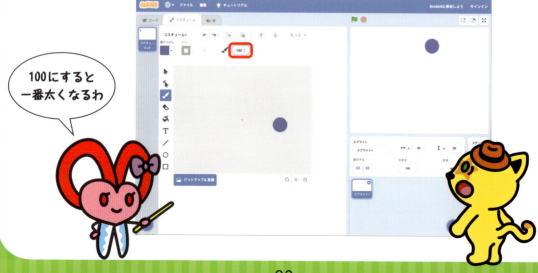

100にすると一番太くなるわ

ニャタロ〜　「太くなったよ。色は青がいいな」

クララー　「では、青にしましょうか。塗りつぶしの色65、鮮やかさ100、明るさ100でどうかしら。少しくらいずれてても大丈夫」

ニャタロ〜　「はい、できた。これでぐるっと丸を描くんだね？」

クララー　「いいえ、マウスは動かさないで、そのままペイントエディターの真ん中に点を一つ描いて。マウスを一回クリックするだけでOKよ」※

ニャタロ〜　「あっ、クリックするときに手が動いて、楕円みたいになっちゃった。ペイントエディターの上の　　のボタンでやり直しだ」

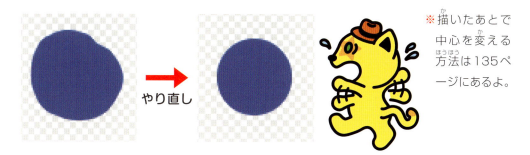

※描いたあとで中心を変える方法は135ページにあるよ。

クララー　「よさそうね。ペイントエディターに丸を描いたら、ステージにも表示されるわ。では、この丸を使って、繰り返し模様を作っていきましょう」

スタンプブロックで丸を増やす

クララー 「ニャタロ〜は、 ✏️ ペン の 🟩 スタンプ を使ったことがある？」

ニャタロ〜 「拡張機能のペンのブロックだね。多角形を描くときにペンを使ったけど、スタンプはまだかも」

クララー 「じゃあ、試してみましょう。拡張機能からペンを読み込んだら、🟩 スタンプ を押して。それから、丸を別の場所にドラッグしてみて」

ニャタロ〜 「わっ、影分身だ！何回でもできるの？」

クララー 「ええ、何回でも大丈夫。🟩 スタンプ をクリックしたときに、スプライトの形がステージにスタンプされるわ」

ニャタロ〜 「なるほど〜、🟩 スタンプ って面白いね！」

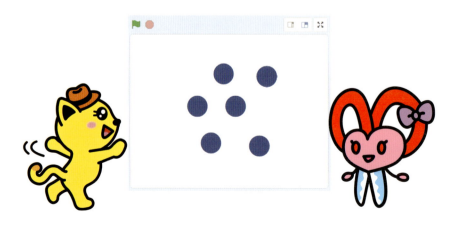

でも、これじゃ、手で押しているだけだから。コードを作って、繰り返してみましょう。
　ステージが丸の分身でいっぱいだから、いったん 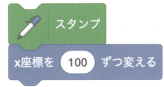 でステージをきれいにするわ。それから、丸をステージの左端ぎりぎりにドラッグして。この丸をスタンプしながら動かすわね。

横一列に並べる

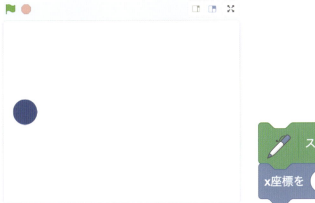

クララー　「このコードをクリックして実行すると、どうなるかしら？」

ニャタロ〜　「スタンプしてから、x座標が100増えるんだね。
　　　　　　x座標が増えるとどっちに進むんだっけ」

クララー　「やってみたらいいじゃない。『案ずるよりも産むが易し』よ」

ニャタロ〜　「そうだね。コードをクリックしたら、丸がスタンプされて右に動いた。4回クリックで一行に5個並んだよ」

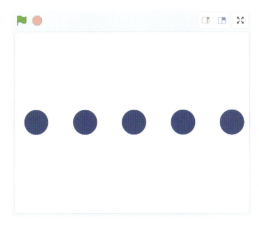
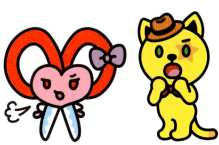

算数×図工 繰り返し模様

クララー 「そうね、本体とスタンプを足した5個でステージの幅ちょっとになるわね」

ニャタロ〜 「繰り返しを使えば、簡単に描けるかも」

クララー 「では、スタンプだけで一行に並べるコードを作ってみましょうか」

ニャタロ〜 「 [5回繰り返す] でさっきのコードを囲んで、と。
それから、画面をきれいにしないと前のスタンプと重なっちゃうね。繰り返しの前に [全部消す] をはめればいいかな。丸をステージの左端にドラッグして実行っと。
できた！でも、右端のはみ出た丸はなんだろう？
5回繰り返したはずなのに、はみ出たのも入れると6個もある」

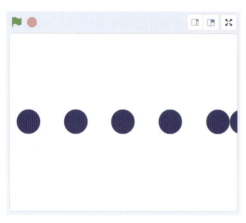

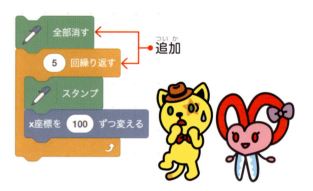

丸を左端にドラッグしてから、
コードをクリックして実行

追加

クララー 「それは元の丸のスプライトよ。スタンプして右へ動かしているから、5回目のスタンプのあと右端にぶつかったのよ。
スタンプしているわけじゃないから、気にしなくていいわ」

ニャタロ〜 「そうなのかー」

クララー 「それより、毎回手で戻すのは面倒だから、最初に丸を置いていた場所のx座標を調べて、その座標に戻るようにしたら？
[x座標を 0 にする] を使ってできるわ」

ニャタロ〜 「じゃあ、まず丸をドラッグして左端に置くね。このx座標を調べるには、ステージの下の [↔ x -200] を見ればいいね」

クララー 「そうね、でもスプライトをステージで移動させると [x座標を -200 にする] のようにブロックパレットでは数字が反映されるので、移動させたあとそのまま使うと便利ね」

相対座標と絶対座標

あるものを基準にして、そこから見たときのちがいを表すことを相対的、どんなときでも変わらないものを基準にして表すことを絶対的というわ。座標の場合は、自分で決めた点、たとえば、あるスプライトの位置からの差で表すことが相対座標、いつも変化しない原点(0, 0)からの差で表すことが絶対座標になるの。スクラッチでいうと、`x座標を 100 ずつ変える` は、スプライトの相対座標、`x座標を 0 にする` は、スプライトの絶対座標を指すブロックになるわね。

たとえば、複数のスプライトがひとまとまりとなって動く編隊飛行をさせたいときは、相対座標を使うと、基準になるスプライトの座標だけを変えれば、ほかのスプライトもついてくるわね。絶対座標を使うと、すべてのスプライトの座標を変えないといけないの。逆に、グラフを描くときのように、固定された目盛りに合わせてスプライトを動かしたいときは、絶対座標のほうが便利よ。

クララー 「そう、それで丸のx座標がわかるわね。いくつになってる？」

ニャタロ〜 「ぼくがドラッグした場所だと、x座標は−200だよ。
だから、`x座標を -200 にする` を `全部消す` の下に入れよう」

クララー 「そのとおり！座標のことがよくわかってるじゃない！」

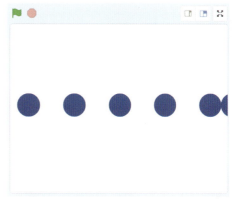

繰り返し模様

一行あたりの丸の数を増やす

ニャタロ〜　「ねぇ、これでは丸が5個並ぶだけで、模様というにはかなり遠いような気がする〜」

クララー　「5個でもりっぱなパターンなんだけど、確かにイマイチよね。何個くらい並んでたらいいかしら？」

ニャタロ〜　「10個！」

クララー　「じゃあ、試してみて」

ニャタロ〜　「『10回繰り返す』にしたよ。あれ、5個しか出ない。うーん、確かステージの幅は480。それなのに、100ずつ変えているから100×10で1000になって、画面からはみ出しちゃうのか」

クララー　「そうね、移動する距離も変えないと」

ニャタロ〜　「10個がステージの幅ぴったりに入る距離って、いくつなんだろう」

クララー　「ステージの幅の480を10で割ってみたら？」

ニャタロ〜　「　　　を使うんだっけ？」

クララー　「そうね、そのほうが、個数が変わったときも計算しなくていいから便利だわ」

ニャタロ〜　「　　　　　　　で実行したよ。あれれ、今度は10個出たけど、つながっちゃった。へんな模様〜」

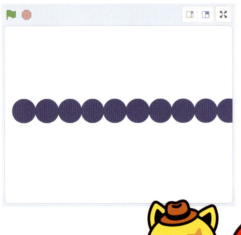

クララー　「丸の大きさが、移動する距離とほぼ同じだったから、つながっちゃったのね」

ニャタロ〜　「じゃあ、10個出すためには、丸の大きさも変えなくちゃ。ペイントエディターで小さな丸をもう一度描くのかな？」

クララー　「そんなときは、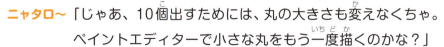が使えるわ」

ニャタロ〜　「あ！それ、使ったことがあるよ。まずは試しに半分ってことで 大きさを 50 %にする にしてみよう」

クララー　「そうね」

ニャタロ〜　「大きさは最初に一度決めたらOKだよね。繰り返す前に追加したよ。丸が小さくなったぶん、x座標も少し左にずらして、−220にしてみた。コードをクリックして実行、と。よし、丸の間隔もちょうどよくなった」

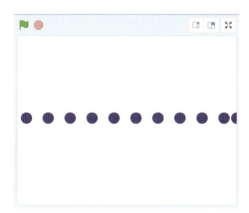

クララー　「いいわ、その調子。もういくつでも自由に作れるわね」

ニャタロ〜　「20個なら、20回繰り返すから480/20だね。丸がつながらないように、大きさを30％にしたよ」

繰り返し模様

算数×図工

クララー 「もう一つ、アドバイスよ。20個にするために2カ所の数字を変えたでしょ？そういう同じ意味の数字が2つ以上あるときは変数を使うと便利よ」

ニャタロ〜 「そうだった。●変数 で 変数を作る をクリックして名前をつければいいんだよね。どんな名前がいいかな」

クララー 「 一行の丸の数 はどう？むずかしくて打てないかしら？」

ニャタロ〜 「学校でキーボードの練習をしているから大丈夫。ローマ字かな漢字変換のモードにしてから、"ICHIGYOUNOMARUNOKAZU"（一行の丸の数）、スペースキーで変換、と」

クララー 「種類は『すべてのスプライト用』でいいわね。できたら、最後に[OK]をクリックね」

ニャタロ〜 「変数ができたよ。 大きさを 30 ％にする の下に 一行の丸の数 を 20 にする をはめてから、繰り返し回数の20と、480を割る数の20を 一行の丸の数 で置き換えるんだね。コードをクリックして実行！」

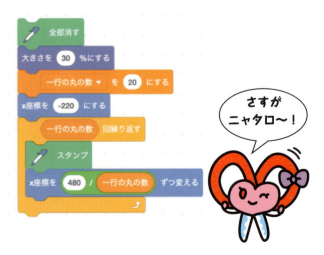

行の数を増やす

クララー 「どんどん行くわよ。今度は行を増やしてみない？
下にもう一行追加できるかしら？」

ニャタロ〜 「丸を始まりの位置から一個分下げて実行して
みたけど、一行目が消えちゃった」

一行目が消える

クララー 「それは、コードの最初に 全部消す があるからね」

ニャタロ〜 「じゃあ、一行描くコードをコピーしてつないでみようか。
コピーするのは、 x座標を -220 にする のところからでいいかな。
x座標を -220 にする を右クリックして複製して合体！」

合体させてね！

算数×図工 繰り返し模様

クララ　「それだけだと同じ場所に描いちゃうわね」
ニャタロ〜　「そうだった。下に移動するために、 y座標を -30 ずつ変える を、二番目の x座標を -220 にする の上に入れよう。ブロックをクリックして実行！」

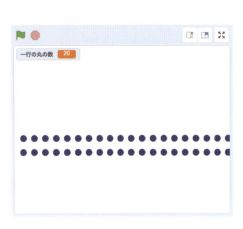

クララ　「いい感じね。次は、2行だけじゃなくて、画面いっぱいに水玉模様を描いてみましょうか」
ニャタロ〜　「どうすればいいのかな。たくさんコードをコピーするのは面倒だし。水玉の行の数を変数にして繰り返すのかな……。
　　　　　う〜ん、できないや」
クララ　「なんで『できない』って思うの？試してみたらいいじゃない」
ニャタロ〜　「変数は作ればいいけど、水玉の行を繰り返すって、どうやるかわからないよ。とりあえず、 行の数 （ローマ字でGYOUNOKAZU）っていう変数だけ作ったよ」
クララ　「繰り返すのブロックの中に、別の繰り返しのブロックをもう一つ入れるのよ」
ニャタロ〜　「なにそれ。そんなこと、できるの！」
クララ　「ほら、このコードを見てみて。外側の繰り返しの回数が 行の数 になっているわ」

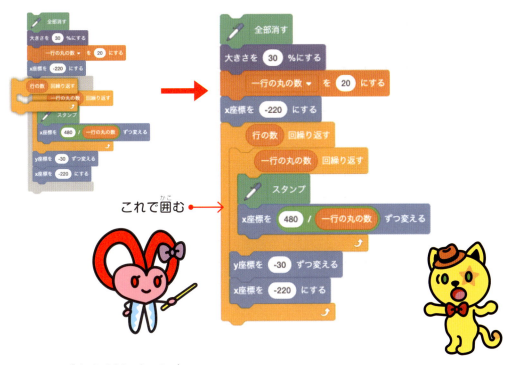

これで囲む

ニャタロ〜 「なんだかすごい」

クララー 「あと、行の数を決めるのを忘れないで。 行の数 は何もしないと0のままだから、一行も描かれないわ」

ニャタロ〜 「じゃあ、 行の数 ▼ を 10 にする を使うよ」

この繰り返しがどう動くのかを順番に見ていくわ。まず、 行の数 回繰り返す で、その中身を行の数分だけ繰り返すの。

103

算数×図工 繰り返し模様

中身は [一行の丸の数 回繰り返す / スタンプ / x座標を 480 / 一行の丸の数 ずつ変える] だから、これで一行の水玉を描くわ。

一行できたら、[y座標を -30 ずつ変える] で下に移動して、[x座標を -220 にする] で左端に戻って、次の行を描き始めるの。わかったかしら？

ニャタロ～　「なんとなくわかったよ。コードの中で『一行を描く部分』、『次の行に進む部分』みたいにまとまりを見つけるようにすると、わかりやすいのかも」

クララー　「そうそう。繰り返せる処理のかたまりを見つける習慣をつけるといいわね。じゃあ、次は、左端のx座標を指定しているように、上端のy座標も指定できるかしら」

ニャタロ～　「えっと、描き始めるのはステージの左上だから、そこに丸をドラッグしてっと。そのときのy座標は……、101だ※。なので、[x座標を -220 にする] の下に [y座標を 101 にする] を入れよう」

クララー　「ばっちりね」

ニャタロ～　「あと、ステージの高さが360だから、それを [行の数] で割って、[360 / 行の数] にしてみたよ」

※手でドラッグしているから、数値は多少ずれるよ。元の丸が見つけにくい場合、スプライトリストのアイコンをダブルクリックすると見つかるよ。

さて、うまくいくかしら。コードをクリックして確認よ

104

ニャタロ〜「あれれ、行が上に進んでいっちゃう！
　　　　　行を下に移動するところ、 360 / 行の数 じゃダメなの？」

クララー「さっきは、 y座標を -30 ずつ変える を使ってたわよね」

ニャタロ〜「そうか、下に下げるには、マイナスの数ずつ変えないとダメだね。
　　　　　どうしよう。 360 / 行の数 にどうやったらマイナスってつけられる
　　　　　んだろう？」

クララー「0から 360 / 行の数 を引いたり、−1を掛けたりする方法があるわ。
　　　　　だけど、上に向かって描くのもいいわね」

ニャタロ〜「それいいね！左下に丸をドラッグしてy座標を確認！
　　　　　−166だったから、 y座標を -166 にする に変えたよ。
　　　　　コードをクリックして実行！できた！」

105

算数×図工 繰り返し模様

パターンの色を変える

クララー 「さあ、やっと準備ができたわね。
　　　　 ここから繰り返し模様の面白いところよ」

ニャタロ〜 「え〜、けっこう大変だったよ。まだやるの？」

クララー 「青一色で終わりにしていいの？もう止める？」

ニャタロ〜 「うーん、青だけだと、にゃ〜こが満足しないかも。がんばるよ」

クララー 「まず、丸の色を一つずつ変えてみましょうか」

ニャタロ〜 「色の効果のブロックだね！ランダムにしていい？」

クララー 「ランダムはもうできてるから、クレヨン箱に入ったクレヨンのように、順番に色を変えるようにするのはどう？」

ニャタロ〜 「いいね、 色▼ の効果を 25 ずつ変える が使えそう」

クララー 「丸を一個ずつ丸の色を変えていくには、コードのどこに、そのブロックを入れたらいいかしら」

ニャタロ〜 「えっと、スタンプの後ろでどうかな」

クララー 「試してみましょう」

「わっ、きれい！
色が並んだよ」

106

クララー　「25以外にも試してみましょう。
　　　　　1ずつ変えるともっと細かく色の変化が見えるんじゃないかしら？」

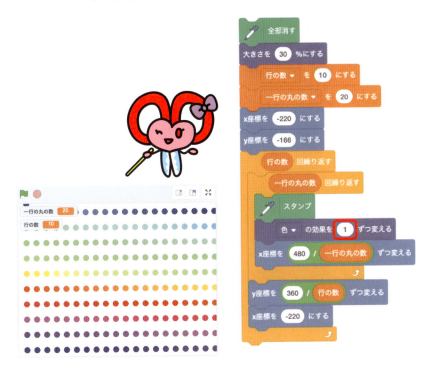

色が変わるルールを決める

ニャタロ〜　「すごいや！虹色になった。
　　　　　　ほかにはどんなパターンがあるかな」

クララー　「なんだってできるわよ。
　　　　　自分でルールを決めたらいいんじゃない。
　　　　　たとえば、次のように、3つごとにちがう色にするにはどうする？」

ニャタロ〜　「え？3つごと？3回繰り返すとかかなぁ」

クララー　「ヒントは、そんなにむずかしく考えないことよ。
　　　　　このままではできないから、まずは何回スタンプしたかを数える
　　　　　 丸の数 という変数を作るといいわ。スタンプするときに 丸の数 を
　　　　　1ずつ変えればいいわね」

算数×図工 繰り返し模様

ニャタロ〜 「 丸の数 の変数を作ったよ。最初に0にするようにしないとね。 行の数▼ を 10 にする の上に 丸の数▼ を 0 にする を入れたよ」

クララー 「いいわね。一行を描く繰り返しの中で 丸の数 を1ずつ変えてみて」

ニャタロ〜 「OK。 丸の数▼ を 1 ずつ変える を スタンプ の上に入れて、さっき使った、 色▼ の効果を 25 ずつ変える を外したよ」

クララー 「そうね。このコードを実行すると、どうなるかしら」

ニャタロ〜 「丸の数の値が増えていくね。でも丸を数えてどうするの？ 3個ずつなんだから、3回繰り返すとかのほうがいいんじゃない？」

クララー 「ニャタロ〜は、フィズバズって遊びを知っているかしら？ 3の倍数でフィズ、5の倍数でバズっていう遊びなんだけど」

ニャタロ〜 「あ〜、それ知ってる！割り算の余りでやるやつだね。 ○ を ○ で割った余り ってそんなふうにも使えるんだ。フィズバズ専用かと思ってた」※

※『小学生からはじめるわくわくプログラミング』（阿部和広著、弊社刊）の『算数 フィズバズ』で紹介しているよ。

108

○を○で割った余り は、ブロックに書いてあるとおり、左の数字を右の数字で割った余りを表示してくれるわ。3つごとの場合は、3で割るので右側が3ね。左側には、調べてみる数字を入れてみて。

5個目の丸の場合、左に5を入れるわね。クリックしたら2って出るの。割り切れないので3の倍数じゃないわね。9個目の丸の場合は、左に9。クリックしたら0と出るわ。これは3の倍数よ。丸の数の変数を入れれば、割り切れる数字を調べられるわね。

あとは割り切れるかどうかを 丸の数を3で割った余り＝0 で調べて、もし3の倍数なら 色▼の効果を50にする にして、そうでなければ 画像効果をなくす にすればいいわね。それには もし○なら でなければ を使うの。コードをまとめるとこうなるわ。

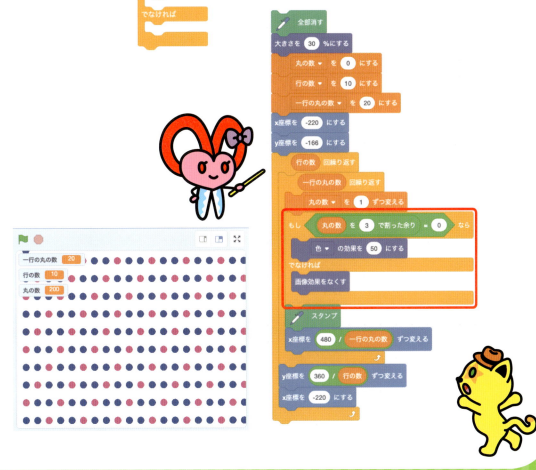

繰り返し模様

ニャタロ〜　「わー、面白い。ここまでのやり方を応用すれば、丸の数や行の数も自由に変えられるし、何個ごとに何かするとかのルールも変えられるね。これでどんな模様でも作れそうだよ！いろいろやってみるね」

クララー　「いいのができたら、にゃ〜こちゃんに見せるといいわね！」

ニャタロ〜　「うん、そうするよ！」

発展課題 1　大きさを変えてみる

丸の大きさを変えるルールを作ると、もっと複雑なパターンができるわ。

発展課題 2　いろいろな形でパターンを作ってみる

丸だと回転させても同じ形だけど、四角やほかの図形で作ると、回転でパターンが複雑になって面白いわよ。

発展課題 3　行や列ごとに色を変える

一行ずつ色を変えるにはどうするかわかるかしら？列ならどう？

発展課題 4　クローンを使ってみる

スタンプの代わりにクローン※のブロックを使うと、模様の一つひとつを動かしたりできるわ。チャレンジしてみてね。

※クローンについては49ページを見てみよう。

自作のコードなどを流用できる「バックパック」

　たくさんの作品を作るようになると、自作のコードやスプライトをほかの作品でも使いたくなることがある。そんなときに役立つ機能が「バックパック」だ。バックパックは、ランドセルやリュックサックのように、いろいろなものを入れて持ちはこ運べるカバンのような機能だよ。

　エディターの右下にある「バックパック」をクリックして開いてみよう。ここに、保管したいコードやスプライト、音、画像などをドラッグすると、中に入れることができる。エディターでほかの作品を開いても、この中身は残っていて、コードエリアにコピーできるよ。

　このバックパックは、インターネットに接続してサインインしているときでないと使えないので注意しよう。

ドラッグしてバックパックに保管できる

表示言語を切り替えるには

　スクラッチのメニューやコードなどに表示する言葉は、「漢字とひらがな」だけでなく、「ひらがな」だけや、ほかの国の言葉に切り替えることができるんだ。たとえば、「ひらがな」だけにしたいときは、左上の 🌐▼（地球儀のボタン）をクリックして、表示されるメニューから、ずっと下のほうにある「にほんご」を選ぼう。

理科×図工 ネコジャンプ

シミュレーションとは

　シミュレーションは、実際の状況に近い環境を用意して実験することだよ。現実に試すのが大変なときにシミュレーションするんだね。それには、模型やコンピューターなどを使うんだ。コンピューターを使ってシミュレーションすることを、コンピューターシミュレーションというよ。

アートン　　「物が落ちるときは、
　　　　　　どのような力が働いていると思う？」
ニャタロ〜　「下に向かう『いきおい』じゃないかな？」

アートン　「うーん、どうかな。
　　　　　まずスクラッチで落ちる動きを再現してみよう」
ニャタロ〜　「え？そんなことができるの？面白そう！」

ネコを落下させる

　まず、落とすスプライトを用意しよう。ネコでいいかな。落ちる向きは下だから、横から見たときに、縦方向に動かすコードがいる。下向きに動かすにはy座標を変えればいいかな（座標については76ページを見てみよう）。
　`y座標を 10 ずつ変える` が使えそうだ。
　ただ、10ずつだと、スプライトが上に行ってしまうから、10をマイナスの数、たとえば、−5に変えよう。
　そして、地面にスプライトが着くまで、繰り返し動かすようにしよう。それには、`◆まで繰り返す` がよさそうだね。

ニャタロ〜　「`y座標を 10 ずつ変える` の10をクリックして、数字が選択されたら−5をキーボードから入力だね。よし、できた。このブロックを `◆まで繰り返す` の開いているところに入れたよ。でも、まだ地面がないんじゃない？『まで』の前にも、繰り返しの終わりの条件がないし」

　地面はあとで描こう。終わりの条件はそれからだよ。条件がないときは『false』（いいえ）と同じなので、ずっと繰り返されるはずだ。
　`▶が押されたとき` を一番上につけて、▶を押したら実行されるようにしよう。

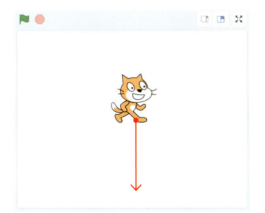

113

ネコジャンプ

ニャタロ〜　「実行したら、ネコがステージの下の端を少しすぎて止まった。地面にめり込んだみたい。ドラッグしてステージの上のほうに置いたら、また下に向かって動き始めたよ。落ちているように見えるね」

着地する地面を作る

アートン　「じゃあ、ネコがめり込まないように長方形で地面を作ろう。スプライトリストの右下にあるボタンでペイントエディターに切り替えて、色35、鮮やかさ100、明るさ100の緑色をスライダーで作ってから、□の四角形のアイコンを選択しよう。ペイントエディターの左上にある、「塗りつぶし」は緑、「枠線」はなし／（赤い斜線）に設定して、エディターの中をマウスでドラッグして、幅いっぱいに横長の長方形を描いてみよう」

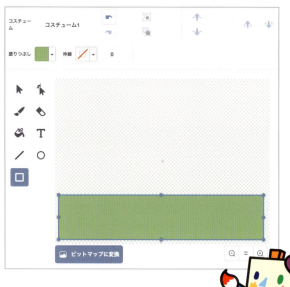

ニャタロ〜　「長方形を描いたけど、途中でマウスのボタンを離しちゃった。幅いっぱいにならなかったから、消してやり直しかな？」

114

アートン　「消すのはちょっと待った。長方形を書いた直後には、その周りに枠が出ているよね※。それを使うと大きさを変えられるんだ。枠線の角4つと辺の真ん中に4つ、全部で8個の小さい点があるよね。その小さい正方形をドラッグして動かすと大きさが変わるよ」

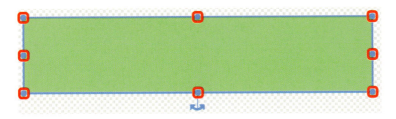

※枠線は矢印ツールで選択すると表示されるよ。

ニャタロ〜　「できた。左右の辺にある点をドラッグして、エディターの幅いっぱいに広げたよ。名前は『スプライト2』になった※」

※スプライトの名前は「Sprite（番号）」「スプライト（番号）」などのときもあるよ。実際の名前に読み替えてね。

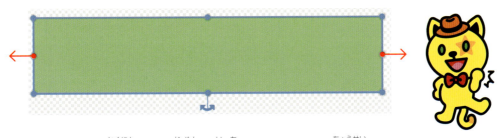

ステージ上で確認して、地面の位置がずれていたら調整しよう。このときネコが地面の下にならないように一度ステージの中央に移動しておくといいね※。

※地面がネコよりも手前にきて、ネコが見えなくなった場合は、スプライトリストでネコのアイコンを選択しよう。それから、 の 最前面▼ へ移動する を実行すると、地面の奥に隠れていたネコが表示されるよ。

115

ネコジャンプ

このコードの仕上げとして  のブロックに条件を入れよう。どんな条件を入れたらいいか、わかるかな？

地面に触れるまで下に行くことを繰り返すから、 マウスのポインターに触れた を使おうか。▼をクリックして、地面はスプライト2だから スプライト2に触れた にすればいいね。

コードを組み立てたら、ネコをドラッグしてステージの上のほうに移動してから、実行してみよう。

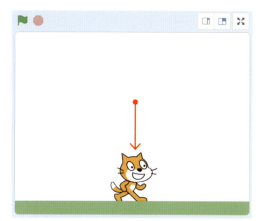

ニャタロ～　「あっ、落ちた……。ちゃんと地面で止まったね。ぼくが前に作ったゲームはy座標を100変えただけだった※から、それよりは本格的だね。でも実際に物が落ちるときの動き方とはちがうみたい」

※『小学生からはじめるわくわくプログラミング』（阿部和広著、弊社刊）の『体育　100mハードル』で紹介しているよ。

落下の様子を観察する

アートン　「おっ、するどい観察力。この動きは等速度運動といって、同じ速度で移動する動きだね。コードを見てみると y座標を-5ずつ変える ブロックのとおり、『等しい速さ（−5）で動く』ってことがよくわかるね。見た目でもわかりやすいように、観察用のカメラを作ってみよう」

ニャタロ～　「え～、Webカメラを使うの」

アートン　「いや、Webカメラは必要ないよ。このネコのコードに追加していくだけでいいよ」

116

ニャタロ〜 「ネコが自分でシャッターを押すの？」
アートン 「運動を観察するために、一定の時間ごとに、
　　　　　ネコのスプライトをスタンプしていくよ」
ニャタロ〜 「なるほど！スタンプを使うんだね」

🚩 が押されたら、一定時間ごとにネコをスタンプするコードを作ろう。拡張機能でペンを追加してから※、 スタンプ と 1秒待つ を ずっと で囲んでから 全部消す と が押されたとき を上に乗せよう。できたら 🚩 クリックして試しに動かしてみよう。

※ペンの拡張機能については、51ページを見てね。

1秒待つ だとゆっくりすぎたみたいだね。 0.2秒待つ だとどうかな。何度か試してみて、ちょうどよい間隔を見つけよう。ここまでできたら動いた跡が見やすくなったかな？

ストロボ写真みたい！

ネコジャンプ

アートン　「よく知ってるね。だいぶいい感じだけど、もっと観察しやすいように、今度はネコをマーカー（印になる点）に変身させよう。ネコのコスチュームに青い点を追加して」

ニャタロ〜　「ネコのスプライトを選んで、コスチュームタブを選択。描くをクリックだね。ツールは を、太さは20くらいにしよう。色70、鮮やかさ100、明るさ100の青を設定して、エディターの真ん中に点を描いたよ※。名前は『コスチューム3』になった」

※描いたあとで中心を変える方法は135ページにあるよ。

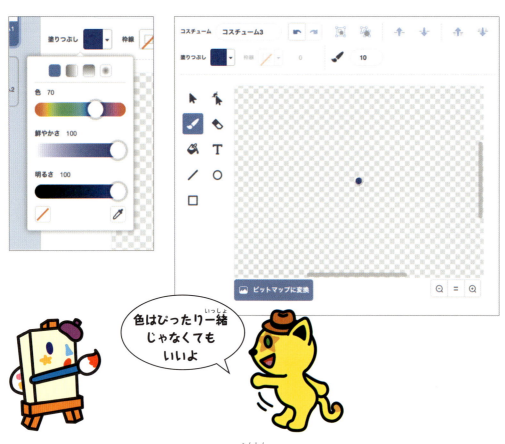

ニャタロ〜　「ネコが青い点のマーカーに変身した！」

アートン　「このマーカーをステージの上のほうにドラッグしてから、 をクリックして実行してみよう。さっきより見やすいよね？地面で止まった最後の点以外は、青い点が等間隔に並んでいるのがわかるかな。これが等速度運動なんだ。最後だけ間隔が短いのは、地面に着いたからだね」

ニャタロ〜「ほんと、間隔が同じだ！これがさっき変に感じた理由かな？」

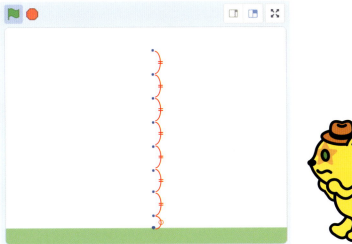

もっとリアルに落下させる

ニャタロ〜「コードをどのように変更したら、リアルに物が落ちているように見えるかなぁ？」

アートン「その仕組みを考えてみよう。
ちょっとこの図を見てみて。これはボールを落として、一定時間ごとにシャッターを切った写真をイラストにしたものだよ。なにか気づかないかな」

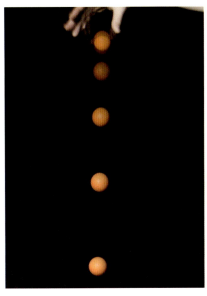

119

ネコジャンプ

ニャタロ〜　「だんだん速くなってる？」

アートン　「そうだね。
わかりやすくするために、それぞれのボールの位置に合わせて四角形を置いてみたよ」

ニャタロ〜　「あれ、もしかしたら、もしかするかも。
この四角形を重ねてみていい？」

アートン　「もちろん」

ニャタロ〜　「四角形の上の辺を合わせてみたよ。
あっ、やっぱりだ。緑と青と紫の高さの差が同じだ！」

この長さは同じ！

アートン　「そのとおり！ということは、どういうことかな」

ニャタロ〜　「毎回、同じだけ落ちる速さが速くなっているんだ！」

重力を働かせる

アートン　「このような動きを、等加速度運動と呼ぶんだよ」
ニャタロ〜　「う〜ん、むずかしい言葉だね」
アートン　「コードにするとわかりやすいよ。
　　　　　これを分解しながら一緒に見ていこう」

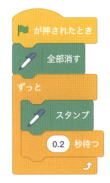

　今までのコードでは `y座標を -5 ずつ変える` で落ちる速度を表していたね。この速さは−5でいつも「等しい速度」だった。等加速度運動では、速度は変化するので、−5の代わりに `落ちる速度` という変数を使っているよ※。

※変数の作り方は63ページを見よう。

　さっき、ニャタロ〜が気づいたように、`落ちる速度` には、毎回同じだけ、つまり「等しい数が速度に加わって」いく。
　これを表現するために `落ちる速度 を -0.5 ずつ変える` を使うんだ。速度に加える数、つまり加速度は、試しに−0.5にしてみたよ。マイナスなのは下向きに落ちるからだね。
　あと忘れちゃいけないのは、落ちる前は止まっているから、最初は `落ちる速度` が0だってこと。だから `が押されたとき` のあとに `落ちる速度 を 0 にする` が必要なんだ。🚩をクリックして、さっそく動かしてみよう。

121

ネコジャンプ

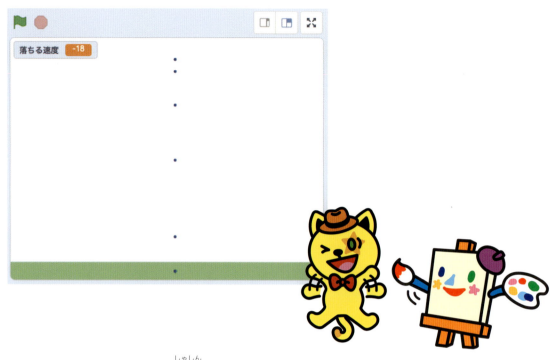

ニャタロ〜 「わっ、さっきの写真とそっくりだ！最初の等速度運動よりリアルな感じがする」

アートン 「そうだね、ちゃんと等加速度運動になったね。じゃあ コスチューム を開いて、マーカーをネコのコスチュームに戻そう」

ニャタロ〜 「ネコをドラッグしてステージの上のほうに置いてから、🚩 をクリック。わぁ、ネコがリアルに落ちていくー」

アートン 「実験で観察した重力の働きを、コードでモデル化してシミュレーションした成果だよ」

ニャタロ〜 「でもこれ、落ちているだけで、ぼくが作りたかったのはジャンプなんだった。ゲームでどうやって使うの？」

アートン 「そうだった。ニャタロ〜が作ったゲームはスペースキーでジャンプだったっけ？落ちるコードはできているんだから、🚩 の代わりに、スペースキーを押したら、ネコが地面に触れないように、y座標を−50まで変えて、 落ちる速度 が上向きになるように、たとえば10にするとどうかな？」

122

ニャタロ〜 「スタンプしていたカメラのコードももういらないね。
　　　　　やった！これでゲームに組み込めるぞ」
アートン　「結局、ニャタロ〜本人がジャンプしているね」

加速度を変えてみよう

　　　　　　の数字をいろいろと変えてみよう。パラシュート、隕石など、いろいろな動きを表現してみよう。

重力以外の力も入れてみる

　落ちる方向と別の向きの力が働いたときはどうなるかな。たとえば、横向き（x座標）の動きも同時に加えたらどうなるだろう。それをコードでどのように表現できるかな。

隠し機能でもっと便利に

　スクラッチには、隠しコマンドやキーボードショートカットがたくさん用意されているよ。マウスで誰でも簡単に使えるのがスクラッチのよいところだけれど、隠し機能を使うことで、より便利になるよ。メニューやステージなど、いろいろなところを、マウスの右ボタンでクリックしたり、アイテムを選択したあとで、一般的なショートカットキーを押してみよう。

　ここでは、主な隠しコマンドをいくつか紹介するよ。

● シフトキー ＋ 🚩（シフトキーを押しながら、🚩 をクリック）

　スクラッチの動作を速くする「ターボモード」になる。ただし、これは画面の表示を一部省略するだけなので、すべてが速くなるわけではないよ。

● （ブロックをクリックしたあとで）コントロールキー ＋C、コントロールキー ＋V※

　クリックしたブロックを連続して複製できる。同じコードをいくつも作るときに便利だ。

※Macの場合は、コントロールキーをコマンドキーに読み替えてね。

● （ブロックをクリックしたあとで）バックスペースキー（Macはデリートキー）

　クリックしたブロックを消すことができる。コピーのときは塊で扱われるのに対し、1ブロックずつ消せるので、長いコードに挟まれたブロックを消すのにとても便利だ。

● コントロールキー ＋Z

　いわゆるUndo（やりなおし）機能。コピー＆ペーストや削除をキーボードショートカットで実行したときだけでなく、ブロックを移動していて誤って消してしまったときにも戻すことができる※。

※スプライトを削除した場合は、編集メニューの削除の取り消しが使えるよ。

● ステージ＋右クリック

　メニューに表示される「名前をつけて画像を保存」を押すと、ステージ全体を画像ファイルとして保存できる。

● スプライト＋右クリック

　スプライトを「削除」「書き出し」「複製」ができる。「書き出し」たスプライトのファイルはコードやコスチューム、音を含むので、自分が作ったスプライトをほかの人に渡すときに便利だ。

スクラッチからハードウェアを利用できる「拡張機能」

Scratch 3.0の画面の左下に ■ (機能拡張を選ぶ) というボタンがあるよ。これをクリックすると、「音楽」、「ペン」、「ビデオモーションセンサー」などに混ざって「Makey Makey」、「micro:bit」、「LEGO MINDSTORMS EV3」、「LEGO BOOST」、「LEGO Education WeDo 2.0」などのパネルが表示される。

これらは、スクラッチの機能を増やしてくれるハードウェアの名前だよ。たとえば、センサーボードのmicro:bitを使うと、micro:bitを無線でつないで、加速度センサーやボタンなどをスクラッチで利用することができるんだ。つなぎ方や、作品への応用例は以下で説明するよ。

対応しているLEGOなどをもっていたらぜひ組み合わせて、スクラッチのプログラムを現実世界につないでみよう。工夫すれば、micro:bitでLEGOを操ることもできちゃうかもね。

それぞれのハードウェアについての詳しい情報は次のWebサイトを見てみてね。

- micro:bit

  https://microbit.org/ja/guide/
- LEGO MINDSTORMS EV3」

  https://education.lego.com/ja-jp/support/mindstorms-ev3
- LEGO Education WeDo 2.0」

  http://education.lego.com/ja-jp/learn/elementary/wedo-2

micro:bitのつなぎ方

スクラッチの画面の左下に ■ (機能拡張を選ぶ) というボタンを押して、「micro:bit」パネルを押そう。右のような画面が開くよ。

micro:bitをスクラッチにつなぐにはBluetooth 4.0に対応したパソコンにScratch Linkというアプリケーションのインストールとmicro:bitに専用のプログラム(.hexファイル)の書き込みが必要なんだ。 ヘルプ のボタンを押して手順を確認しよう。

ネコジャンプ

● Scratch Linkをダウンロードしてインストールする

Scratch LinkのインストールはWindows 10 version 1709以上、mac OS 10.13以上に対応している（2019年6月現在）。それぞれの手順にしたがってアプリストア経由、あるいはサイト（https://scratch.mit.edu/microbit）から直接ダウンロードをしてインストールして動かそう。

● .hexファイルをダウンロードして展開し、micro:bitにコピーする

micro:bitの専用プログラム（.hexファイル）もヘルプの手順通りダウンロードできるけど、この.hexファイルは圧縮してまとめられている（zip）されているので展開が必要なんだ。ダウンロードしたzipファイルを右クリックして「すべて展開（T）…」（Macの場合は「開く」）を選ぼう。ファイルの拡張子が.hexとなったら、micro:bitをパソコンにmicro USBケーブルでつないだときに表示されるMICROBITというドライブにドラッグ＆ドロップでコピーするだけだ。

このときに使うmicro USBケーブルは、充電専用ではなく通信ができるものであることを確認してね。充電専用だとMICROBITというドライブが表示されないよ。

● 接続する

書き込みが成功すると、micro:bitの電源を入れたときにLED画面に5文字のアルファベットが表示されるよ。

スクラッチに戻り ←もう一度試す ボタンを押すと、周囲にあるmicro:bitを認識するはずだ。micro:bitがいくつかある場合は、LED画面に表示されている5文字のアルファベットを参考にして目的のmicro:bitを選んでね。

ここまでできたら、念のため を表示する を押して、接続の確認をしてみよう。micro:bitにハートマークは表示されたかな？

micro:bitの入手方法

　micro:bitは単体では2000円ちょっとで購入可能なんだ。主にインターネット通販が便利だけど、大きなお店だと家電量販店にもあるかもね。国内代理店のスイッチエデュケーションのサイトからも購入できるのでリンクを紹介しておこう。

● micro:bit（単体）

https://switch-education.com/products/microbit/

これはmicro:bitだけなのでmicro USBケーブルや電池ボックスなどをすでにもっている人向けだよ。

● micro:bitをはじめようキット

https://switch-education.com/products/microbit-starter-kit/

この本で紹介したように、スクラッチに接続して使う場合はこのキットがおすすめ。必要なものが全部そろっているし単四電池で長時間使えるよ。

スクラッチをmicro:bitでコントロール

　ネコジャンプではニャタロ〜はスペースキーを押してジャンプするようにしていたけれど、ここではmicro:bitを使ってジャンプさせてみよう。

　micro:bitにはボタンAとボタンBの2つのボタンがあるので、ボタンAを押してジャンプするように変えよう。ネコジャンプで完成したコードの スペース▼ キーが押されたとき を ボタン A▼ が押されたとき に変更すればOKだね。

　さらに、micro:bitには加速度センサーもついているので、 ジャンプした▼ とき ブロックを使うと、micro:bitをもった人が実際にジャンプすると、画面のネコもジャンプするようになるよ。

　コードを書いたら、micro:bitをしっかり手にもって、ジャンプしてみよう。

　このようにmicro:bitはスクラッチと無線でつながるので、パソコンから離れても使えるよう電池ボックスを用意するとさらに楽しめるよ。

自動演奏装置

音楽 × 図工

打楽器を作る

ここをクリック

クララー 「特訓するには、その道具から作らなきゃ※。
まずは、打楽器を作りましょう」

ニャタロ〜 「スクラッチで、音が鳴る太鼓を作ればいいかな？」

クララー 「そうね、ドラムの絵をクリックしたら音が鳴るようにしてみて」

ニャタロ〜 「OK。まずスプライトを作るね。太鼓でいいかな。ステージの下にある ボタンをクリック。『音楽』カテゴリーにある『Drum』がよさそう」

※もし、ほかの作品を作っている途中なら、いったんスクラッチのトップページを開いてから、「作る」をクリックしてね。

ニャタロ〜「『Drum』を選んでステージに表示したよ」

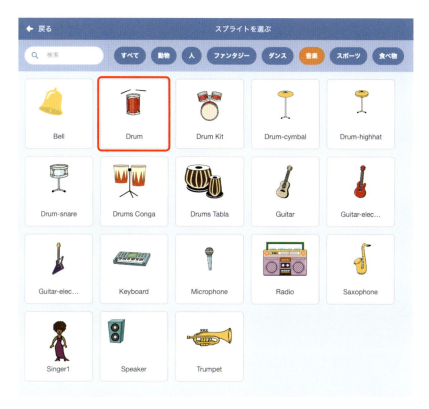

クララー「太鼓だからドラムの音を鳴らしましょう。音のタブ  を開いてこのスプライトにどんな音が入っているか見てみましょう」

ここをクリック

自動演奏装置

ドラムの音を選ぶ

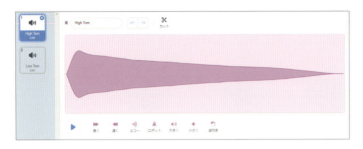

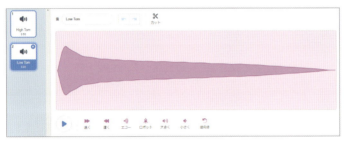

ニャタロ〜　「わっ、音が二つあるね。「High Tom」「Low Tom」のそれぞれを押してみると、右側に表示されている模様が変わるんだけど」

クララー　「右側はサウンドエディターよ。
左下にある  ボタンを押すと、音が鳴って確認できるわ」

ニャタロ〜　「あれ、鳴らないなぁ」

クララー　「パソコンの設定は大丈夫？音が鳴るようになってる？」

ニャタロ〜　「画面の右下のスピーカーの設定がミュート  になってた。クリックして音が鳴る  ようにしたよ。音量も確かめた。ほんとだ、2種類ちょっとずつちがう太鼓の音がする。再生ボタンの横に並んでいるほかのボタンは何かな？」

クララー　「押して試してみたら？」
ニャタロ〜　「『エコー』を押したら模様が変わって、音も響くようになった」
クララー　「そう、音にエフェクト（加工処理）をかけられるの」

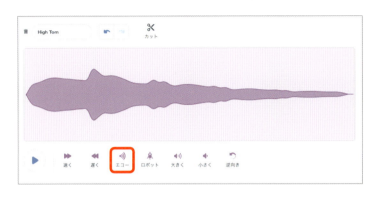

クララー　「ただ、いまは基本の音が鳴った方がわかりやすいから、上の  戻るボタンを押して元に戻しておいてね」
ニャタロ〜　「いろいろと押しすぎて変な音になってたのをすべて戻したよ」
クララー　「まずは『High Tom』にしましょう。ニャタロ〜が担当するドラムとはちがう音だとは思うけど」
ニャタロ〜　「『High Tom』をブロックを使って鳴らすんだね。でも、どうやって？」
クララー　「あら、音のブロックを使ったことはなかったかしら。今回は ● の High Tom▼ の音を鳴らす を使うわ。もし、『High Tom』になっていなかったら、音の名前の右にある▼のあたりをクリックすると選べるの」
ニャタロ〜　「 High Tom▼ の音を鳴らす をコードエリアにドラッグしたよ」
クララー　「その上に このスプライトが押されたとき のブロックを置けば試せるね」
ニャタロ〜　「OK。おお、ドラムのスプライトをクリックしたら音が鳴った！これで練習できそうだ」

131

自動演奏装置

ネコが触れたら音が鳴るようにする

クララー 「次はマウスクリックではなく、スプライトのネコがドラムに
触れたら音が鳴るようにしましょう」

ニャタロ〜 「 ● には、触れたかどうか調べるための
ブロックはないね。
● にある マウスのポインター に触れた が使えるかも」

そうね、やってみましょう。音を出すのはドラムだから マウスのポインター に触れた を使ったコードはドラムのほうに作るわね。スプライトリストでドラムのアイコンが選ばれていなかったら、クリックして切り替えてね。

何に触れたかは、▼をクリックして選択できるから、ネコの『スプライト1』※を選んでね。

できたら動作を確認しましょう。ステージの上で、ドラムとネコのスプライトを触れないようにドラッグしてから、ドラムのコードエリアに置いた スプライト1 に触れた をクリックしてみて。何が表示されるかしら。

※スプライトの名前は「Sprite（番号）」などのときもあるよ。実際の名前に読み替えてね。

ニャタロ〜 「ドラムとネコが触れていないときは『false』（いいえ）、触れているときは『true』（はい）、になった。そうか、このようにして触れているか、触れていないかがわかるんだ。これを ▱もし▱なら▱ と組み合わせて使うんだね。もし、『スプライト1』に触れたなら『High Tom』の音を鳴らすコードができたよ」

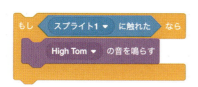

クララー 「 を　　　で囲んで、一番上に 　　　 をつければ
完成ね。🚩 をクリックして確認よ」

ニャタロ～ 「鳴るのは鳴るんだけど、ネコがドラムに触れている間、
　　　　　何回も何回も鳴るよ」

一回触れると一回鳴るようにする

ニャタロ～ 「触れたら音が鳴り続けるんじゃなくて、
　　　　　一回触れたら一回トンって鳴らしたいよ。
　　　　　どうしたらいいかな……。
　　　　　こうなったら 　1 秒待つ を使うしかないか」
クララー 「待つのは一つの方法ね。
　　　　　だけど 　1 秒待つ だと、1秒たったらまた鳴るわ。
　　　　　ネコが触れたら1度だけ音が鳴るようにしたいから、
　　　　　ネコが触れなくなるまで待てばいいの。
　　　　　こんなときは、　　　　まで待つ を使うといいんじゃない？」
ニャタロ～ 「触れなくなるまで？ スプライト1 に触れた のブロックはあるけど、
　　　　　『触れない』はないなぁ。そんなのは作れないよ」

133

クララー　「そんなことないわ！ 🟢 を探してごらんなさい。
　　　　　　「ではない」というブロックがあるの※。
　　　　　　このブロックと組み合わせると、[スプライト1▼ に触れた ではない]みたいに、触れないときの条件が作れるのよ」

ニャタロ〜　「ほんとだ、意味が反対になった。演算って数の計算だけかと思ったけど、条件も変えられるんだね。これを組み合わせて、コードを作ったよ」

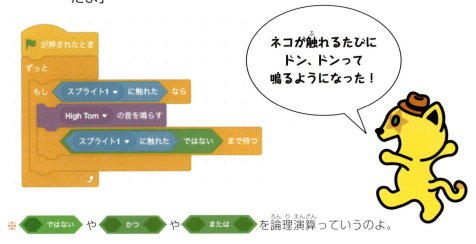

ネコが触れるたびにドン、ドンって鳴るようになった！

※ [ではない] や [かつ] や [または] を論理演算っていうのよ。

ネコが自動で演奏するようにする

クララー　「いい感じね。今度はネコが自動演奏するようにしてみましょう」

ニャタロ〜　「自動演奏？ネコが触れると音が鳴るようになるんだから……。そうだ！ネコが自分で動き回れば、太鼓に触れたときに音が鳴るね！」

クララー　「そうね。こういうのはどうかしら、ネコは円を描いて移動するの。ステージの上をくるくる回って、ドラムに触れると音が鳴るようにするのね」

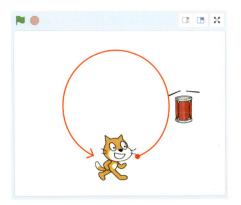

ニャタロ〜　「ネコが走り回って、楽器を演奏しているみたいだね」

クララ　　「いろんな音を鳴らすコードを作ってみましょう」

ニャタロ〜　「でも、どうやってネコを円の形に動かしたらいいかな」

　　　15 度回す　ブロックを使ったらいいんじゃない？そのままだと同じ場所でくるくる回っちゃうけど、スプライトの中心点をずらすと、円の周りを歩くようにできるわ。

コスチューム　をクリックしてネコのコスチュームを開いてから　　のツールを選んで、ネコの周りをドラッグして囲んでみて。コスチューム全体を枠が囲ってドラッグで動かせるようになるわ。そのまま下に動かしてみましょう。

　ネコのコスチュームの下にうっすらとした　　が隠れていたのがわかるかしら？それがコスチュームの中心点。スプライトの座標や、回転の中心はその十字が基準になるの。

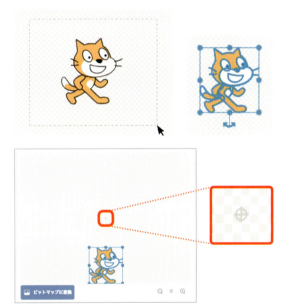

ニャタロ〜　「わ、ステージのネコが下に移動した。じゃあ、動かしてみよう。　　15 度回す　を　ずっと　で囲ってから　が押されたとき　をつけて、をクリックしたよ。おお、円の動きになったよ」

クララ　　「しかも、ネコがドラムに触れたら音がしているでしょ」

ニャタロ〜　「ほんとだ。ネコが走り回ってドラムを叩いてる」

リズムを作る

ニャタロ〜　「ドラム一つだけだと物足りないなぁ」

クララー　「あとは簡単にリズムを作ることができるわ。
　　　　　いまあるドラムを複製してみたらどう？
　　　　　ドラムを4つに複製して、基本のリズムを作ってみましょう」

ニャタロ〜　「スプライトリストで『Drum』を右クリックして、4つに複製したよ。基本のリズムって、ドン・ドン・ドン・ドンって4拍鳴らせばいいかな。ネコの通り道に4つのドラムを置いたよ。ちょっとドラムが大きすぎるから、小さくしてみた」

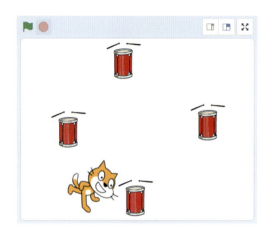

ニャタロ〜　「なかなかうまく並べられない。ちょっとリズムがずれるなぁ」

クララー　「コードで正確に並べることもできるけど、
　　　　　ちょっとくらいずれるのは味があっていいわ。
　　　　　だいたい揃ったら、ほかの音を足していきましょう」

ドラムの種類を増やす

ニャタロ〜　「ドラム音の間に小さい太鼓の音を入れたいな。ドン・トン・ドン・トン・ドン・トン・ドン・トンって感じ。リズミカルに鳴らしたいよ！」

クララー　「それならドラムの種類を増やせばいいわ。別のスプライトを使いましょう。『Drum-snare』のスプライトはどうかしら。
　　　　　音は『tap snare』がよさそうね」

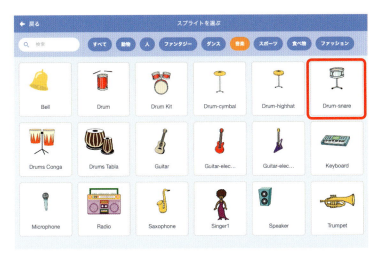

ニャタロ〜　「『Drum』のときと同じようにして、『Drum-snare』のスプライトを作ったよ。番号は自動的に変わるんだね。大きさをちょっと小さくして、こっちを『小太鼓』って呼ぶことにする。『tap snare』の音も確認した。コードはもう一回作るの？」

クララー　「コードはいままでのドラムからコピーできるわよ。いまあるドラムのコードの 🚩 をドラッグして、小太鼓のサムネイルにドロップすれば大丈夫よ」

ニャタロ〜　「これは便利！
小太鼓にコピーされたコードで、 High Tom の音を鳴らす の▼のあたりをクリックして tap snare の音を鳴らす に変えた。トンって音が鳴るね」

自動演奏装置

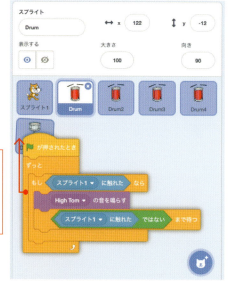

コピー先のスプライトが揺れたらブロックを離そう

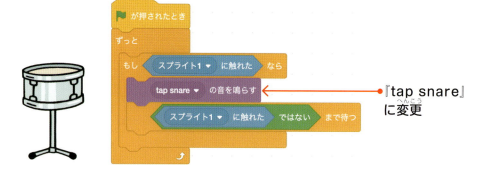

『tap snare』に変更

クララー 「いいわね。小太鼓も増やしてみて」

ニャタロ〜 「コピーして4つ並べてみたけど、どうかなぁ。実行すると、ドン・トン・ドン・トン・ドン・トン・ドン・トンになった！」

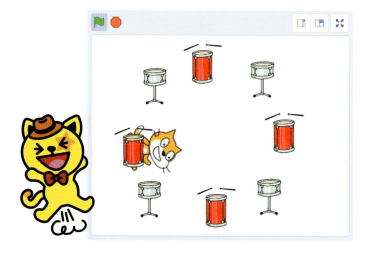

クララー　「なかなかいいじゃない。このやり方で音の種類を増やしていけば、どんなリズムでも作れるわ。テンポはネコの歩く速さで変えられるわね。音の入っていないスプライトや入っている音では足りない場合、🔊 を押して新しく音を読み込むこともできるからいろいろ試してみてね」

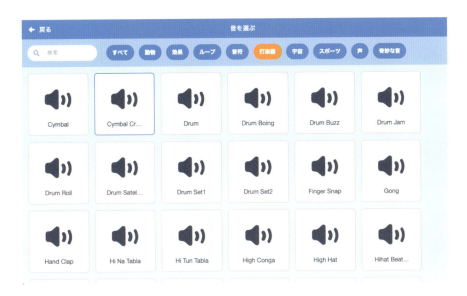

　音のパネルに触れると音が再生されるのよ。押すと読み込まれて使えるようになるわ。

ニャタロ〜　「ところで、ぼくはうまく太鼓を叩けるようになるのかな」

クララー　「さぁね。あとは練習次第よ。ちなみに、わたしはこんなリズムが好きかな。いろいろと試してみるといいわね！」

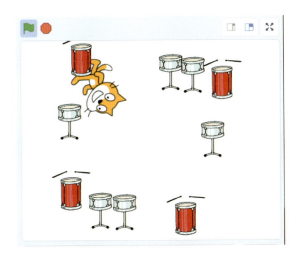

発展課題1 複雑なリズム

　ドラムを小さくすればもっとたくさん音を並べられるわよ。ネコのスプライトの中心点まで線を引くと、そこでもドラムが叩けるようになるの。やってみてね。

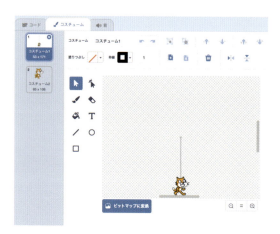
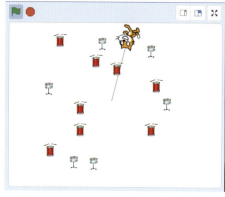

発展課題2 オリジナルのドラム

　スクラッチではパソコンのマイクを使って音を録音することもできるの。自分でオリジナルの音も作れるわ。カメラのときと同じように最初にマイクを使うときは、警告の画面が出るから 許可 をクリックしてね。

発展課題3 フレーズを鳴らす

　音楽の「ループ」のカテゴリーの音を使うと、サンプリング音でミニマル系の音楽みたいにかっこいい曲も作れるの。

自分のブロックを作るには

コードを書いていると、同じブロックの組み合わせが何度も出てくることがあるよね。それらをまとめて自分で新しいブロックを作ることができるんだ。

にある ボタンをクリックすると、そのブロックの名前を聞かれるので、入力して［OK］すると、そのブロックができるよ。コードエリアには「定義ブロック名」というブロックができるので、その下に、いつものようにコードを書けば大丈夫。作成したブロックは、ほかのブロックと同じように、コードの中で使うことができる。

次のコードは、 のブロックを作って、スペースキーを押すと実行するようにしたところだよ。

自作のブロック

自作ブロックを定義しているところ

「Scratcher」を目指そう

スクラッチのサイトにユーザー登録すると「New Scratcher」というユーザーレベルになる。自分のレベルは、プロフィールページの自分のスクラッチ名の下に表示されているんだ。

レベルはほかにも「Scratcher」（スクラッチの愛好家という意味だね）があるよ。Scratcher になるには、作品を共有したり、ほかの人の作品にコメントしたり、トップページの「話す」でフォーラムに書き込んだりして、コミュニティーに貢献することが必要なんだ。ただし、レベルアップすることを目的に、必要もないのにほかの人をフォローしたり、フォローを強制したりするのはやめようね。

自動演奏装置をmicro:bitでコントロールしてみよう

micro:bitの加速度センサーは、micro:bitの傾きを検知することもできるよ。その機能を使って、自動演奏装置を「傾きコントロール」で演奏できるようにしてみよう。

まずは、 前 ▼ 方向の傾き のブロックを見つけよう。micro:bitを125ページの手順で接続したら、傾けた状態でこのブロックをクリックしてみよう。続けて、 右 ▼ 方向の傾き の場合も試してみよう。

前 ▼ 方向の傾き の場合：

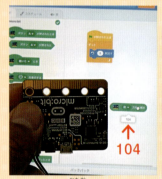
前に傾けると
104

ほぼ水平だと
5

後ろに傾けると
−105

右 ▼ 方向の傾き の場合：

左に傾けると
−100

ほぼ水平だと
−6

右に傾けると
104

試してみると、次ページの図のように前後左右それぞれの方向に90度傾けたときに、100（または−100）となるようだね。

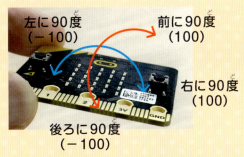

この機能を使って、自動演奏装置のコードを改造してみよう。

まずは左右に傾けて、演奏するネコの回転する角度を変えてみよう。

『右▼方向の傾き』を『つ 15 度回す』に入れるんだ。

左右に傾けると、ネコの回る角度が大きくなってドラムのテンポも速くなるね。またよく観察すると、大きく傾けた場合などは、回転の途中にあるドラムはスキップされて、音が鳴っていないことにも気づくかもしれないね。

もう一つ、音の『ピッチ▼ の効果を 100 にする』のブロックを使ってみよう。これはドラムに追加して、数字を変えるとピッチ（音程）の効果が変化するんだ。ここでは『前▼方向の傾き』を組み合わせてみた。『ピッチ▼ の効果を 前▼方向の傾き にする』だね。

これを『ずっと』の中に入れて次のように組み立てよう。できたら、micro:bitを前後に傾けてみよう。ドラムの音程はどうなるかな。

もうすでにたくさんドラムを追加しているなら、それぞれ一つずつ残してピッチのブロックを加えてから、コピーし直してもいいかもしれないね。演奏しやすさや、面白い効果を出すために、傾きのブロックに演算のブロックも組み合わせていろいろと工夫してみよう。

コーディング教育への
新しいアプローチ

子供たちはScratchを使って、
いかに自らの創造と再生を行うのか

ミッチェル・レズニック & デヴィッド・シーゲル　　　翻訳：酒匂 寛

　今週（訳注：この記事が掲出されたのは2015年11月10日です[※1]）、Code.org[※2]はHour of Codeの2015年の活動を開始します。これは世界中の学校で、生徒たちに少なくとも1時間、コーディング（つまりコンピューター・プログラミング）を紹介し体験してもらおうという毎年恒例の活動です。12月7日から13日の週には、数100万人もの生徒たちがHour of Codeのウェブサイトのチュートリアルにしたがって初めてのコーディングを経験します。さらに多くの学校では、このコーディング入門の枠を超えた活動も行われます。（ニューヨーク市を含む）多くの都市や（英国を含む）国々でも、学校のカリキュラムにおける必修科目としてコーディングを採用する例が次々に増えています。

　私たちは、コードを学ぶ子供たちを強力に支援しています。しかし同時に私たちは、多くの新しいコード学習活動を牽引している動機や手段に対して懸念を抱いています。なぜならその動機は、多くの場合、産業界におけるプログラマーとソフトウェア開発者の不足に発していて[※3]、生徒たちをコンピューターサイエンスの学位取得や就職へと導くことに注力しているからです。そしてこうした状況の中で、コーディングは生徒たちに与えられる一連の論理パズルとして紹介されています。

　私たちはコーディングに対して、こうした今までのやり方とは全く違うアプローチを支援して促進するために、2013年にScratch財団を設立しました[※4]。私たちにとって、コーディングとは単なる技術スキルの寄せ集めではなく、新しいタイプのリテラシーであり個人を表現する手段なのです。書くことを学ぶことと同様に、すべての人にとって価値があるものです。コーディングとは、人々がその考えを整理し、表現し、そして分け合うための新しい手段なのです。

　コーディングに対するこのアプローチは、私た

ちがMITメディアラボで開発し[※5]、オンラインで無料利用可能なScratch（スクラッチ）プログラミング環境に具体化されています[※6]。8歳以上の子供たちがScratchを使って、図形的なプログラミングブロックを組み合わせて、インタラクティブなお話やアニメ化されたキャラクターを使ったゲームを創作しています。そうしたScratchで創られたプロジェクトはScratchのオンライン・コミュニティーで共有することができます[※7]。そこでは、作者以外の人たちが共有されたプロジェクトを試したり、感想や助言を返したりすることもできますし、お互いのアイデアを使って元のプロジェクトを改造したり拡張したりすることができるようになっています。

2007年にScratchが公開されて以来、世界中の子どもたちがScratchのコミュニティーで1,100万以上のプロジェクトを共有しています。そして17,000以上の新しいプロジェクトが毎日追加されています。

家庭、学校、図書館、コミュニティーセンターといったさまざまな場所で、子供たちはScratchを使っています。プロジェクトを創り共有することによって、子供たちはコーディングスキル以上のものを学んでいます。彼らは創造的に思考し、体系的に分析し、協調的に手を動かすといった現代社会に不可欠なスキルを学んでいます。

ジョスリンをご紹介しましょう。彼女はCrazyNimbusというユーザー名で[※8]、過去2年の間に200以上のプロジェクトをプログラムして公開しているティーンエイジャーです。彼女はヘリコプター飛行ゲーム、沢山の着せ替え人形ゲーム、ダンスする鉛筆と電卓のバック・トゥ・スクール（新学期）アニメーション、感謝祭までの日数を計算し表示するカウントダウン・アニメーションといった多種多様なプロジェクトを開発してきました[※9]。

最初にジョスリンがScratchを使うようになったのは、ゲームを作る方法を学ぶためでした。しかし、今ではコミュニティーの魅力が彼女を引き留めています。ジョスリンは「最初のプロジェクトを共有したら、すぐにフィードバックをもらえて……。だから私は、このままコーディングし続けたいと思ったの」と話してくれました。

体系的で論理的な思考を必要とするという点で、Scratchは他のコーディング手法と似通っています。プロジェクトを作成するには、ジョスリンは、問題解決のための多様な戦略を学ぶ必要がありました、例えば、複雑な問題を単純な部分に分解して、それらが思った通りに動かないときに

は繰り返し手直しをしていくといった方法です。

しかし、Scratchが他のコーディングアプローチと大きく異なる点は、子供たちが自分を創造的に表現し、その創造物を共有することに高い価値を置いているところです。例えば、ジョスリンは、Scratchを使って、友人たちのためにインタラクティブな誕生日カードを作りました。それぞれの友人たちに向けたアニメーション付きです。ジョスリンはまた、カスタマイズしたバレンタインデーのカードの作り方を他の子供たちに教えるためのインタラクティブなチュートリアルも作成しました[※10]。

「だれもがコンピューターを使った表現手段を必要としているの」とジョスリン。「私はプロジェクトをみんなと共有して、それらについてどう思ってくれるのかを知ることが大好き！」

残念ながら既存のほとんどのコード学習活動は、こうした形の創造的な表現を目指していません。多くのコーディング入門教室では、生徒たちは障害物を避けながら仮想キャラクターをゴールへと向かわせるようなプログラミングを求められます。このアプローチは、生徒たちがある程度の基本的なコーディングの概念を学ぶのを助けてくれます。しかしながら、彼ら自身を創造的に表現することを助けてはくれませんし、これから先の長きにわたるコーディングとの絆を深めてもくれません。それは、生徒たちに自分の物語を書くための機会を与えず、ただ文法や句読点を教えるだけの作文教室を提供するようなものです。Scratchを用いて、若い人たちがコーディングに堪能になるようにすることが私たちの目標です——ただコーディングのメカニズムとコンセプトを学ぶだけではなく、自分自身の声と考えを表現する手段を手に入れてもらうことが狙いなのです。

子供たちは自分自身をScratchで表現するにつれ、自分自身をこれまでとは異なる視点で考え始めるようになります。ちょうど書くことを学んだときのように。ブラジルの教育者パウロ・フレイレは、「書くこと」は単なる実用的なスキル以上のものであると考えています。彼は貧しい人々のコミュニティーで読み書きを教える運動を続けています。それは単に人々が職を得るためだけではなく、彼自身の言葉を借りれば「自らを創造し再生できるように」するためです。

私たちは子供たちがScratchでコーディングする際に、似たようなことが起きることを目にしてきました。ジョスリンや他のScratchコミュニティーのメンバーたちは自分たちを、他人が作ったプログラムを単に使うだけのユーザーではな

く、コンピューターの上に自らのプロジェクトを創り出すことのできるクリエイターとしてみなし始めました。ジョスリンは言います——「人生が変わったの」。現代社会では、デジタル技術は、可能性と進歩の象徴です。Scratchでプロジェクトを創り共有するにつれ、子供たちは社会に対して積極的かつ全力で貢献できる可能性に目覚め始めます。

もしコーディングが子供たちの人生に真の変革を引き起こすのなら、コーディングを単なる技術スキルであるとか技術職を得るための手段にすぎないといった見方を乗り越えることが重要です。教育者、両親、政策立案者、その他のだれもが、子供たちに初歩のコーディングを教える際の目標と戦略については慎重に考える必要があります。MITメディアラボでの研究に基づいて、私たちは初歩のコードを教える際の以下の4つの指針を提案します。

プロジェクト (Projects)：最初の思いつきを他人と共有できる創作へと結びつける経験をする機会にできるよう、子供たちには意味のあるプロジェクトを与えましょう（単なるパズル解きではなく）。

ピア (Peers)：仲間との協働と共有を奨励し、他者の作品を使って新たな作品を作り上げることを学ぶ手助けをしましょう。コーディングは孤独な活動であってはなりません。

パッション (Passion)：子供たちが自身の興味に結びついたプロジェクトで作業することを認めましょう。そうすれば彼らはより長く、より懸命に作業をすることでしょう——そしてその過程でより多くを学ぶことになります。

プレイ (Play)：楽しく試行錯誤することを奨励し

ましょう——新しいことを試し、リスクをとり、限界に挑戦して失敗から学びましょう。

教育者たちやすべての関係者たちが、これら4つのPを心に留めて子供たちに向き合うことにより、新しい読み書き技術ならびに個人的表現手段としてのコーディングの可能性が、単なる新しい教育バズワードとしてではなく、最大に生かされることになるのです。

> ミッチェル・レズニック氏は、米MITメディアラボにおいて、新しい学びを研究するライフロング・キンダーガーテン・グループを率いると同時に、ラーニング・リサーチのLEGOパパート・プロフェッサーを務めています。デヴィッド・シーゲル氏は投資会社の米Two Sigmaにおいてアルゴリズム投資マネージャーを務めています。彼らは非営利のScratch財団を設立しました。

※1　ブログ・プラットフォーム「Medium」に掲出された記事を、著者等の許可を得て日本語化し、掲載しています。元記事は以下からお読みいただけます。
https://medium.com/bright/a-different-approach-to-coding-d679b06d83a

※2　Code.orgは、コンピューター科学教育の振興を目指す非営利組織。コンピューターサイエンス教育週間（Computer Science Education Week）における「Hour of Code」キャンペーンなどを実施しています。Hour of Codeには以下からアクセスいただけます。
https://hourofcode.com/jp

※3　Promote Computer Science　https://code.org/promote

※4　Scratch財団　http://www.scratchfoundation.org/

※5　MITメディアラボ　http://www.media.mit.edu/

※6　Scratchプログラミング環境　https://scratch.mit.edu/

※7　Scratchのオンライン・コミュニティー
https://scratch.mit.edu/

※8　CrazyNimbus
https://scratch.mit.edu/users/CrazyNimbus/

※9　作品群は以下からご覧いただけます。
ヘリコプター飛行ゲーム
https://scratch.mit.edu/projects/11576944/
着せ替え人形ゲーム
https://scratch.mit.edu/projects/11222913/
バック・トゥ・スクール（新学期）アニメーション
https://scratch.mit.edu/projects/74614594/
感謝祭までの日数を計算し表示するカウントダウンアニメーション
https://scratch.mit.edu/projects/14649360/

※10　作品群は以下からご覧いただけます。
インタラクティブな誕生日カード
https://scratch.mit.edu/projects/20790365/
友人たちに向けたアニメーション付き誕生日カード
https://scratch.mit.edu/projects/24286124/
カスタマイズしたバレンタインデーのカード
https://scratch.mit.edu/projects/47748430/

Scratchは
創造的に学ぶためのツールだ

MITメディアラボ教授
ミッチェル・レズニック氏
インタビュー

　米マサチューセッツ工科大学（MIT）メディアラボ教授のミッチェル・レズニック氏にインタビューを実施した[1]。レズニック教授は、30年以上一貫してプログラミング教育に携わり、レゴ マインドストーム・ロボットキットやScratchなど、革新的なプロジェクトを共同で成し遂げてきた。本インタビューでは、Scratchの新版（Scratch 3.0）の狙いと機能や、同氏による書籍『ライフロング・キンダーガーテン 創造的思考力を育む4つの原則』（弊社刊）での教育論について、日本で2020年から始まる小学校でのプログラミング教育必修化を前提に聞いた[2]。インタビューには、日本におけるScratch活用の第一人者である青山学院大学特任教授の阿部和広氏も同席して質疑応答に参加した。通訳はMITメディアラボ博士研究員の村井裕実子氏が務めた。

小学校で「創造的な学び」を行うには

——日本では2020年から小学校においてプログラミングが必修化され、Scratchもより幅広く活用される見通しです。Scratchを活用するうえで大切な要素として、今回のScratch Conferenceでは、レズニック教授の著書『ライフロング・キンダーガーテン』で述べられていた、創造的思考力を育む「4つのP（プロジェクト=Projects、情熱=Passion、仲間=Peers、遊び=Play）」[3]を強調されていました。この「4つのP」を学校教育の現場、言い換えれば小学校で実現するためには、どうしたらよいでしょうか。

レズニック氏（以下同氏）：4つのPは、「クリエイティブ・ラーニング[4]」を採り入れていくための原則、ガイドラインとしてとても重要だと考えています。まず、クリエイティブ・ラーニングの重要性からお話ししましょう。
　世の中の変化するスピードはとても速くなっています。変化が素早い社会で生きていくためには、創造的に考えて柔軟に対応していく能力、言

い換えれば「創造的思考力（Creative Thinking）」がとても大事だと考えています。すでに定まっている事実や考え方を子どもたちに紹介していくだけでは、これからの時代を生き抜くための準備にはならないのです。この創造的思考力を伸ばすためには、クリエイティブ・ラーニングが有効であり、そのための原則あるいはガイドラインとしてとても重要なのが4つのPなのです。

この4つのPは子どもたちがクリエイティブに考えられるようになるためのガイドラインだと思っています。興味を持ったプロジェクトに友だちと一緒に楽しく取り組む――これにより、創造的思考力が身に付くと考えています。

クリエイティブ・ラーニングのスパイラル（らせん状の学習プロセス）

――4つのPの重要性は、ワークショップを実践されている方々、例えばこのScratch Conferenceに参加している人々には理解されると思います。ただし、これから小学校で幅広く実践されるかというと、難しい面があるのではないでしょうか。これについてはどのようにお考えですか。

同氏：4つのPの実践に向けては、2つのポイントがあると考えています。1つは「目的の共有」、もう1つは「実践方法」です。特に、1つめとなる目的の共有は重要です。クリエイティブ・ラーニングの目的を、関係者の皆さんに理解してもらうことが大事です。すべての関係者が、創造的思考の重要性を理解し、それを身に付けてもらうことに賛同する。これができて初めて、その実践方法にきちんと取り組むことができます。逆にいえば、目的が共有できていなければ、実践方法を考えても意味がありません。実践方法がうまくいかない大きな理由は、実は目的の共有ができていないことが多いのです。

2つめとなる実践方法については、学校の仕組みが障害になっていると思います。例えば、子どもたちにプロジェクトに取り組んでもらおうとしても、50分程度の1時限では難しい場合があります。時限や授業時数などといった学校の仕組みが、実践に向けての制限になっているのが現状でしょう。

余裕があればで終わらせないために

――目的について質問します。先生によっては、創造的思考力が大切なことには合意しているのですが、まずは授業で「ここまではとにかく終わらせる」というのが大前提になっていて、そのうえで「余裕があれば」創造的思考力の育成にも取り組みましょうというかたちになりがちのようです。

同氏：確かに、クリエイティブ・ラーニングを現在の学びに追加されるものとして捉える傾向はあるでしょう。現在の学びとクリエイティブ・ラーニングを分けて考える人に時々出会いますから。そう

ではなく、通常の学びのプロセスそのものがクリエイティブ・ラーニングになるべきです。

例えば、算数を学ぶとき、変数を学んでから、クリエイティブ・ラーニングで作品をつくろうとする先生がよくいます。そうではなく、クリエイティブ・ラーニングでの作品づくりを通して、変数というコンセプトを学ぶのです。こうすることにより、自分の好きなこと、興味のあることにつながったかたちで学ぶことができ、コンセプトをより深く理解することができます。

日本では教科の中にプログラミングが取り入れられますね。Scratchがいろんな教科で活用されるのは、とてもよいことです。そのうえで、子どもたちにとって意味のあるプロジェクトで使われるようになれば、よりよいでしょう。単に図形を描くことだけにScratchが使われるのだとしたら、子どもたちの興味をひくことは難しいと思います。

その代わりに、2匹の動物が競争するゲームを作るのはどうでしょうか。ゲームを作るためには、動物が動くスピードを決めたり、計算したりする必要があり、算数の要素が入ってきます。これにより、子どもたちにとって意味のあるかたちで、プログラミングのプロジェクトを教科に取り入れることができます。

こうしたやり方には、先生にとってのメリットもあります。子どもたちのやる気を引き出すための労力を減らすことができるのです。その分の労力を、子どもたちをサポートする方に向けることができるわけです。

実践方法にも関係しますが、もう1つの例を挙げましょう。子どもたちに言語を教えるとき、文法や発音の仕方、綴り(スペル)を教えるとします。ドリルやテストで、その知識が身に付いたかどうかは確認できるでしょう。でも、文法や発音や綴りを身に付けただけでは、自分の考えを文章できちんと表現したり、コミュニケーションしたりすることは難しい。文法や発音、綴りを覚えるのは、もちろん大切なことです。そして、自分の考えを表現したり、コミュニケーションしたりすることも大事であり、わたしは子どもたちがプログラミングを通じてこうした能力を高めてほしいのです。

Scratchはソフトではなく、コミュニティとともにある学びのツール

——日本ではScratchは、プログラミングソフトであると考えられている場合が多いようです。しかしながら、Scratch Conferenceに来てみると、Scratchというのはこうした場に集う人々や、ソーシャルメディア機能を持つScratchのサイトを活用するユーザー、さらにはScratchを活用する先生方のコミュニティであるScratchEd[※5]、創造的な学びを支える考え方や手法を学ぶオンライン講座であるLearning Creative Learning (LCL)[※6]の参加者に支えられていることがわかります。このようにScratchを単なるプログラミングソフトではなく、エコシステムを形成するプログラミング環境として提供しているのはなぜですか。

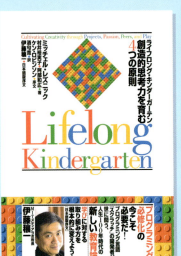

レズニック教授の教育論の集大成といえる書籍『ライフロング・キンダーガーテン 創造的思考力を育む4つの原則』

同氏：ユーザーのコミュニティについては、クリエイティブ・ラーニング・スパイラルや4つのPでその重要性を示したので、ここでは教育者のコミュニティについてお答えします。先に述べたように、4つのPの実践では、「目的の共有」とそれに基づいた「実践方法」が大切です。教える人を対象に、これらをサポートしていくためは、「このようにしなさい」というように、一方的に伝えるだけではだめだと思っています。教育者へのサポートも学習プロセスの1つと捉えられますよね。その学習プロセスは、子どもたちに学んでもらうときと同様、ステップ1、ステップ2、ステップ3というように手順を伝えるだけではいけません。

　学習プロセスは、教える人にとっても、ずっと続いていくものです。新しいアプローチや実践方法に継続して取り組んで学習プロセスを改善していくためには、そのように教育者をサポートしていかなければなりません。そのやり方はいろいろあります。書籍『ライフロング・キンダーガーテン』を発行したのもサポートの1つですし、Scratch EdやLCLもそうです。これらは、ずっと続いていく（教育者の）学びのプロセスをサポートしていくためのツールなのです。

エコシステムとしてのScratch

──私は最近、「日本でScratchがこれだけ広く使われるようになってよかったですね。成功ですね」とよく言われます。でも、現実は逆で、むしろ前より悪くなっているような気がしています。

同氏：何が悪くなっているのですか？

──活用の仕方です。Scratchが広まるにつれて、プログラミング環境、エコシステムとしてのScratchではなく、それらが完全に切り離され

て、単にプログラミングソフトと捉えて導入されている場合が増えていると感じています。そのうえで、「Scratchを使っているから創造的である」という誤解が広がっている気がしています。このようにあまり創造的でない導入をしている人たちに、Scratchはコミュニティや思想を伴った環境なのだということをわかってもらうにはどうすればいいのでしょうか。

同氏：まずできることは、Scratchはただのソフトではなくて、クリエイティブ・ラーニングのためのツールであるということを知ってもらうことです。そして、教育的なアプローチであり、手段であり、哲学であるということを伝えていく必要があります。

　こうした教育的なアプローチを広めていくのは、ソフトだけを普及させるよりもずっと難しいことだと考えています。それでも、教育的アプローチを広めるための第一歩は、「単なるソフトである」と「クリエイティブ・ラーニングのためのツールである」という違いを、しっかりとみんなに理解してもらうことです。そのために、4つのPを伴ったScratch活用の価値をきちんと伝えていくことが必要なのです。

　この違いをわかってもらったうえで、実際にどうやって現場で活用していくかをサポートしていくことになります。これも、大きな目標だと思っています。なぜなら、既存のやり方、システムの中に、1つのソフトを導入する方がずっと簡単だからです。新しいテクノロジーを導入して効果的に使い、既存のやり方を変えることは、とても難しいことです。

　でも、新しいテクノロジーには、さまざまな可能性があります。新しいテクノロジーに接して「うわぁ、すごいな」と感じたときは、既存のやり方を変えてみようかなという気持ちになりやすいので

はないでしょうか。Scratchのような新しいテクノロジーを紹介することは、既存のやり方を振り返って考え直すよい機会になると思います。もちろん、Scratchがなくても既存のやり方を見つめ直すことに取り組んでほしいと思いますが、Scratchは人の考え方をよりオープンにし、考え直してもらうよいきっかけになるでしょう。

新しいツールを受け入れてもらうには

——そのときに「もう新しいテクノロジーは必要ない。なぜなら、すでに私たちは創造的な教育のやり方を導入している」と主張する先生もいます。例えば、粘土を使ったりとか、作文をしたりとか、あるいは音楽をしたりとか、ですね。これらもすごく創造的なことではないですか。

同氏：それらの活動はすごくよいことです。それらをやめてほしいとは全然思わないですね。

——でも、なぜか「既存の方法」と「新しいテクノロジー」は対立するものだと受け取られやすいように思います。さらにいえば、コンピュータを使うこと自体を好意的に受け取らない人もいます。そういうときにはどうすればいいでしょうか。

同氏：コンピュータが受け入れられないのはやはり、比較的新しく、なんだかよくわからない、というように捉えられるからだと思います。何百年前には、絵の具や水彩画は全部新しいツールでした。そのもっともっと前には、紙が新しいテクノロジーでした。そのもっともっと前には、言語そのものが新しいツールでした。こうした、新しいテクノロジーが登場するたびに、私たちはそれらを自分たちの生活に取り入れて順応してきました。すべてのテクノロジーがもちろんいいわけではなくて、いくつかは避けた方がいい場合もあると思いますが。

ここで、謎解きを出しましょう。テレビ、コンピュータ、筆のうち、どれがほかの2つと異なるでしょう？

——筆と答える先生が多いでしょうね。

同氏：そうですね、多くの人は「筆だ」と答えます。筆を除く2つは20世紀の発明で電気を使っているからですね。しかし私は、テレビがほかの2つと異なると考えています。なぜなら、筆やコンピュータを使って何かを作ることはできるけれど、テレビで何かを作るのは難しいからです。

コンピュータを使ったものづくりがうまくいくためには、コンピュータを筆のようなものであると捉えることが大事です。コンピュータをテレビのようなものだと考えたら、うまくものを作れないでしょう。コンピュータ

（新しいテクノロジーである）Scratchは人の考え方をよりオープンにし、考え直してもらうよいきっかけになるでしょう

を嫌う先生たちは、それをテレビのようなものだと捉えていて、筆のようなものだとは捉えていないのでは、と思います。

できることが広がるScratch 3.0

——Scratch 3.0の特徴と狙いを教えてください。

同氏：Scratchの新バージョンについては、「どうやって作るか、何を作るか、どこで作るか」を拡張するアップデートであると、私たちは言っています。
　「どうやって」については、動画によるチュートリアルを用意しました。このチュートリアルがScratchのさまざまな使い方をガイドします。「何を作るか」はScratch 3.0で新たに設けられた拡張機能を使うことによって、今まで作れなかったものが作れます。「どこで作るか」は、マルチデバイス対応です。（パソコンだけでなく）タブレットでも使えます。

——Scratch 3.0では、「スクリプト」タブが「コード」タブという名前に変わりました。これは大きな変化だと思います。日本でコードという言葉は、専門の人以外には、あまりなじみがないと思います。変更した理由を教えてください。

同氏：現在は「コード」の方が「スクリプト」よりも、子どもたちにとってなじみのある言葉だと考えたからです。10年前ならコードという言葉を使わなかったと思います。英語圏においてコードという言葉は、以前はとてもテクニカルな用語だと捉えられていましたが、この10年のあいだに、子どもたちにとってもとても一般的な言葉になりました。なじみのある言葉、親しみのある言葉を使うのは大事なことだと考えています。

※1　インタビューは、Scratchの公式イベント「Scratch Conference 2018」（2018年7月26～28日に米ボストンで開催）終了直後に実施しました。

※2　本インタビューの初出は日経トレンディネット（2018年10月11日）です。
https://trendy.nikkeibp.co.jp/atcl/pickup/15/1003590/100401942/

※3　4つのPとは、子どもたちが創造的な学習体験を得て「創造的思考者（Creative Thinker）」として成長するために、レズニック教授の研究グループが提唱する4つの基本原則です。プロジェクト（Projects）、情熱（Passion）、仲間（Peers）、遊び（Play）からなり、「情熱に基づくプロジェクトに、仲間と共に遊び心に満たされながら取り組むことを支援すること」（『ライフロング・キンダーガーテン』から引用）とされています。143ページでは「4つの指針」として提案されています。

※4　創造的な学びのことで、これを促進するためにレズニック教授らは、発想（Imagine）、創作（Creative）、遊び（Play）、共有（Share）、振り返り（Reflect）を繰り返すスパイラル（らせん状の学習プロセス）を提唱しています。

※5　ScratchEd
https://scratched.gse.harvard.edu/

※6　Learning Creative Learning
https://learn.media.mit.edu/lcl/

もっともっと、たのしもう！

作品づくりは楽しかったかな？

ちょっともの足りない？ もっとこうしたい？

思いついたことがあれば、どんどん試してみてね。

そのために余白はたくさん残したつもりだ。

学校のテストみたいに答えは一つではないし、

作品を完成させることがゴールではない。

思い出したときに、また、いつでもいじってみたらいい。

いいと思う作品ができたら、いろんな人に見てもらおう。

直接見てもらったり、スクラッチのサイトで共有したりして、

お友だちと一緒に作品づくりをしてみよう。

ぼくはこの本を作りながら、多くのことを学びました。

みんなも、いろいろな作品を作りながら、

多くのことを学べるといいね。

2019年7月

倉本 大資

私（倉本 大資）が子ども向けのプログラミングワークショップを始めたのは、2008年の夏のことでした。それから今まで多くの方々に支えられて私自身も楽しみながら活動を続けたことが、この本へつながっています。

★中山晴奈さん、山下純子さん。一緒に2008年に始めた、川口市メディアセブンでのこどもプログラミングサークル「スクラッチ」はこの本の原点ともいえます。

★OtOMOのみなさん。こうして長く活動できているのも今まで関わっていただいた、たくさんの方々の協力があってのことです。これからも楽しく活動できるようによろしくお願いします。

★ワークショップやイベントで知り合ったScratcherのみなさん。ニャタロ〜はみなさんの分身かもしれませんね。みなさん、そして保護者の方々に楽しみにしていただいていることが、活動の励みになっています。

★全国各地でScratchを使って学べる場を提供しているみなさん（砂金さん、細谷さん、若林さん、西本さん、宮島さん、It is ITのみなさん。たくさんいらっしゃって書き切れません）。さまざまな取り組みを拝見し、いつも刺激を受けています。

★さまざまなワークショップや教室を一緒に作る機会をいただいているCANVASおよびTENTOのみなさん。

★Maker Faire Tokyo主催のオライリー・ジャパンの田村英男さん。Make Mediaのデール・ダハティさん。Maker Faireへの出展は、子どもたちのすばらしい発表の機会になっています。

★Scratchを開発して提供してくれている、MITメディアラボのミッチェル・レズニック教授をはじめ、ライフロング・キンダーガーテンのみなさん、ありがとうございます。またいつか、Scratch@MITのカンファレンスでお会いしたいです。

★プログラミングを楽しむきっかけを作ってくれた両親、中学校のパソコン部の仲間。ものづくりや表現活動などで活躍する大学の先生・先輩方、共に学んだ大学の同期・後輩。こうした活動を理解し協力してくれる勤務先の上司。そして一番そばで見守ってくれる家族。みなさんが私を作っています。

★レズニック教授らのエッセイを翻訳していただいた酒匂寛さん、ありがとうございました。

★そして、最後になりましたが、ここに書き切れない多くの方々に支えられています。ありがとうございます。

参考文献

- 子どもの思考力を高める「スクイーク」理数力をみるみるあげる魔法の授業、BJ・アレン−コン、キム・ローズ、アラン・ケイ（著）、大島芳樹（監修）、喜多千草（監訳）、片岡裕子（訳）、高田秀志（解説）、2005年、WAVE出版

- 小学生からはじめるわくわくプログラミング、阿部和広（著）、2013年、日経BP

- Raspberry Piではじめるどきどきプログラミング、石原淳也、塩野禎隆（著）阿部和広（監修・著）、2014年、日経BP[※]

- 5才からはじめるすくすくプログラミング、橋爪香織、谷内正裕（著）、阿部和広（監修・著）、2014年、日経BP

- Scratchではじめよう！プログラミング入門、杉浦学（著）、阿部和広（監修）、2015年、日経BP

- 作ることで学ぶ　Makerを育てる新しい教育のメソッド、Sylvia Libow Martinez、Gary Stager（著）、阿部和広（監修）、酒匂寛（訳）、2015年、オライリー・ジャパン

- ライフロング・キンダーガーテン 創造的思考力を育む4つの原則、ミッチェル・レズニック、サー・ケン・ロビンソン、伊藤穰一、村井裕実子、阿部和広（著）、酒匂寛（訳）、2018年、日経BP

補足

- Scratch 1.4の使い方、および、「国語」「算数」「理科」「社会」「音楽」「体育」に関連した作品の作り方については、『小学生からはじめるわくわくプログラミング』で説明しています。

- Scratch 2.0を使ってシューティングゲームの作品を作る方法については、小学生向けではありませんが、『Scratchではじめよう！プログラミング入門』で説明しています。

※新版の『Raspberry Piではじめるどきどきプログラミング 増補改訂第2版』が2016年に発売されています。

日経BPのScratch関連の本

小学生からはじめるわくわくプログラミング
阿部和広（著）
B5判、152ページ、定価（1900円＋税）、ISBN978-4-8222-8515-9
プログラミング学習を通じて、自ら仕組みを考え、手を動かして、モノを作り上げる楽しさを体験してもらうための学習書です。ネットにつなげなくてもスタンドアロンで動くScratch 1.4をさくさく使って、親子で楽しみながら、創造力、論理的思考力、共創（コラボレーション）力を育みましょう！

小学生からはじめるわいわいタブレットプログラミング
阿部和広（著）
B5判、148ページ、定価（1800円＋税）、ISBN978-4-8222-5450-6
Scratchのタブレット（iPad）版といえる「Pyonkee（ピョンキー）」を使って、プログラミングを自習したり、お友だちと一緒に作品づくりを楽しみましょう。タブレットならではの各種センサーやカメラを活用した作品、体を動かしたり持ち歩いたりして使う作品、さらには複数台で楽しめる作品を作れます。

Scratchで楽しく学ぶ アート＆サイエンス
石原淳也（著）、阿部和広（監修）
B5判、176ページ、定価（2100円＋税）、ISBN978-4-8222-9233-1
Scratchに対する「誤解」（子ども向けである、ゲームしか作れない、きちんとしたプログラミング言語ではない）を解き、Scratchが対象年齢としている「すべての年齢の子どもたち」にプログラミングの楽しさを伝えるためのものです。アートとサイエンスをテーマに、等加速度運動、二進法、論理回路、確率、三角関数、モンテカルロ法、フラクタル図形を用いたさまざまな作品づくりを満喫しましょう。

Scratchで学ぶ プログラミングとアルゴリズムの基本 改訂第2版
中植正剛、太田和志、鴨谷真知子（著）
B5判、204ページ、定価（2300円＋税）、ISBN978-4-8222-8617-0
プログラミングとアルゴリズムの基礎、および、Scratch 3.0の使い方を学ぶための本です。大学や高校のプログラミングの授業でも活用していただいている人気定番書をScratch 3.0の登場に合わせて改訂しました。サンプルのプログラムを作りながら、Scratchの操作とプログラミングのポイントが学べます。

ライフロング・キンダーガーテン 創造的思考力を育む4つの原則
ミッチェル・レズニック、サー・ケン・ロビンソン、伊藤穰一、村井裕実子、阿部和広（著）、酒匂寛（訳）
46判、344ページ、定価（2000円＋税）、ISBN978-4-8222-5555-8
子どもたちを真のデジタルネイティブである「クリエイティブ・シンカー」（創造的思考力・発想力を身に付けた人）に育てるにはどうしたらよいのか――。そのために、大人たちはどのように振る舞えばよいのか――。Scratchの開発者が長年の実績に基づいて世に問う、人生100年時代の新しい教育論です。

■ 著者・監修者

倉本大資（くらもとだいすけ）
1980年生まれ。妻と娘（3歳）とともに豊島区在住。2008年よりScratchを用いた子ども向けプログラミングワークショップを多数開催。eラーニングコンテンツの製作等を手掛ける会社へ勤務の傍ら、週末等に活動していた。現在は子ども向けプログラミングスクールの運営や、教室内外の講師や講師希望者のための研修に携わるなど、生業として子ども向けプログラミングに関わる。著書に『小学生からはじめるわくわくプログラミング2』（日経BP）、共著に『使って遊べる! Scratchおもしろプログラミングレシピ』（翔泳社）。

阿部和広（あべかずひろ）
青山学院大学特任教授、放送大学客員教授。2003年度IPA認定スーパークリエータ。文部科学省プログラミング学習に関する調査研究委員。1987年より一貫してオブジェクト指向言語Smalltalkの研究開発に従事。パソコンの父として知られSmalltalkの開発者であるアラン・ケイ博士の指導を2001年から受ける。Squeak EtoysとScratchの日本語版を担当。子供と教員向け講習会を多数開催。OLPC（$100 laptop）計画にも参加。主な著書に『小学生からはじめるわくわくプログラミング』（日経BP）、共著に『ネットを支えるオープンソースソフトウェアの進化』（角川学芸出版）、監修に『作ることで学ぶ』（オライリー・ジャパン）など。NHK Eテレ『Why!? プログラミング』プログラミング監修、出演（アベ先生）。

カバーデザイン	石田 昌治（株式会社マップス）	本文デザイン	山原 麻子（株式会社マップス）
イラスト	石田 裕子	DTP	株式会社マップス

■ Facebookページ

下記のFacebookページにて本書の関連情報を公開しています。
https://www.facebook.com/WakuPro/

■ サポート情報

本書に関するサポート情報は、下記Webページをご参照ください。なお、本書の範囲を超えるご質問にはお答えできませんので、あらかじめご了承ください。
https://shop.nikkeibp.co.jp/front/commodity/0000/P60350/

小学生からはじめる
わくわくプログラミング2　Scratch 3.0版（スクラッチ）

2019年8月13日　第1版第1刷発行

著　者	倉本 大資／阿部 和広
監　修	阿部 和広
発行者	村上 広樹
編　集	田島 篤
発　行	日経BP
発　売	日経BPマーケティング
	〒105-8308　東京都港区虎ノ門4-3-12
印刷・製本	株式会社シナノ

本書の無断複写・複製（コピー等）は著作権法上の例外を除き、禁じられています。
購入者以外の第三者による電子データ化および電子書籍化は、私的使用を含め一切認められておりません。
本文中に記載のある社名および製品名は、それぞれの会社の登録商標または商標です。
本文中では®および™を明記しておりません。

©2019 Daisuke Kuramoto and Kazuhiro Abe Printed in Japan
ISBN978-4-8222-8620-0